Racines
Des plantes aux écosystèmes

Philippe Hinsinger
Christophe Jourdan

Éditions Quæ

Aussi aux éditions Quæ

Le langage silencieux des plantes
Yvan Kraepiel, Sylvain Raffaele
Coll. Carnets de sciences, 2023, 168 p.

Petite et grande histoire des légumes
Éric Birlouez
Beau livre, 2023, 168 p.

Pour citer cet ouvrage :
Hinsinger P., Jourdan C., 2026. *Racines – Des plantes aux écosystèmes*, Versailles, éditions Quæ, 120 p.
https://doi.org/10.35690/978-2-7592-4266-5

Les éditions Quæ réalisent une évaluation scientifique des manuscrits avant publication
dont la procédure est décrite ici : https://www.quae.com/store/page/199/processus-d-evaluation
Le processus éditorial s'appuie également sur un logiciel de détection des similitudes
et des textes potentiellement générés par intelligence artificielle.

Éditions Quæ
RD 10
78026 Versailles Cedex
www.quae.com
www.quae-open.com

ISBN (papier) : 978-2-7592-4266-5 e.ISBN (pdf) : 978-2-7592-4267-2 x.ISBN (ePub) : 978-2-7592-4268-9
ISSN : 2110-2228

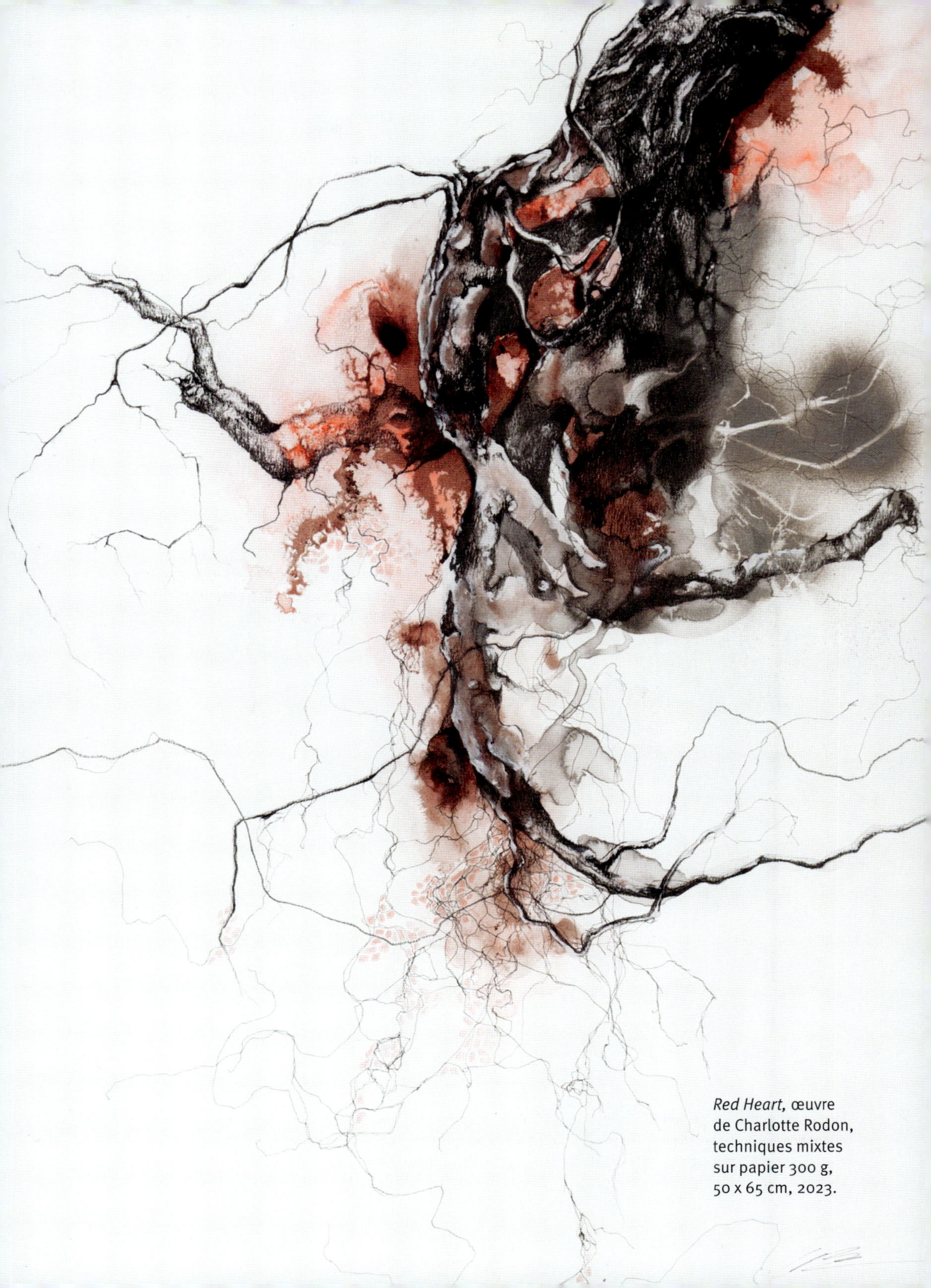

Red Heart, œuvre de Charlotte Rodon, techniques mixtes sur papier 300 g, 50 x 65 cm, 2023.

« Le jardinier travaille sur le sol,
il travaille aussi dedans,
il met les mains dans la terre.
Il connaît l'importance du sol,
sa richesse, sa vie.
Mais il ne la voit pas toujours,
car elle demeure cachée.
Il aimerait, un jour,
pouvoir y voyager.
Alors il découvrirait,
étonné, l'entrelacs des racines,
le labyrinthe de leurs parcours. »

Extrait du texte « Juillet – le sol »,
dans *Un grand jardin*,
de Gilles Clément et Vincent Gravé,

Illustration de Vincent Gravé, *op. cit.*

N'oublions pas nos racines

Enfouies dans le sol, les racines demeurent cachées et méconnues, alors qu'elles jouent des rôles décisifs dans le fonctionnement des végétaux et des écosystèmes terrestres. Elles rendent ainsi de multiples services aux sociétés humaines, même à celles qui ont oublié… leurs racines !

Le plus souvent, ces organes végétaux souterrains assurent avant tout le gîte – en permettant l'ancrage des plantes dans le sol – et une bonne partie du couvert au végétal, en lui donnant accès à l'eau et aux éléments minéraux dont il a besoin. Chez de nombreuses espèces pérennes, les racines constituent un organe de réserve, riche en sucres et autres nutriments, que la plante saura remobiliser le moment venu. Pour cette raison, elles représentent un aliment de choix pour les animaux, y compris l'espèce humaine, qui leur accorde une place importante dans sa culture culinaire, et bien plus encore chez certains peuples « racines ».

En outre, les racines constituent une voie d'entrée majeure de carbone dans le sol, contribuant à l'enjeu crucial d'atténuation du changement climatique *via* le stockage de carbone. Ce faisant, elles permettent le foisonnement de la vie dans le sol en stimulant les activités microbiennes – ce que nous appelons « l'effet rhizosphère » –, et sont à la base des réseaux trophiques complexes du sol.

Au-delà de ces constats, on peut être tenté de faire un parallèle plutôt radical : à bien des égards, les racines des végétaux sont l'équivalent des intestins humains ! En hébergeant un microbiote sélectionné avec soin, elles assurent en effet bien plus que la nutrition des plantes… Elles en seraient presque le cerveau, ou pour le moins le centre névralgique. Cet ouvrage s'attache à vous faire découvrir les secrets bien gardés du monde souterrain du règne végétal, les racines dans toute leur diversité, voire leurs excentricités : en d'autres termes, la face cachée des plantes.

Sommaire

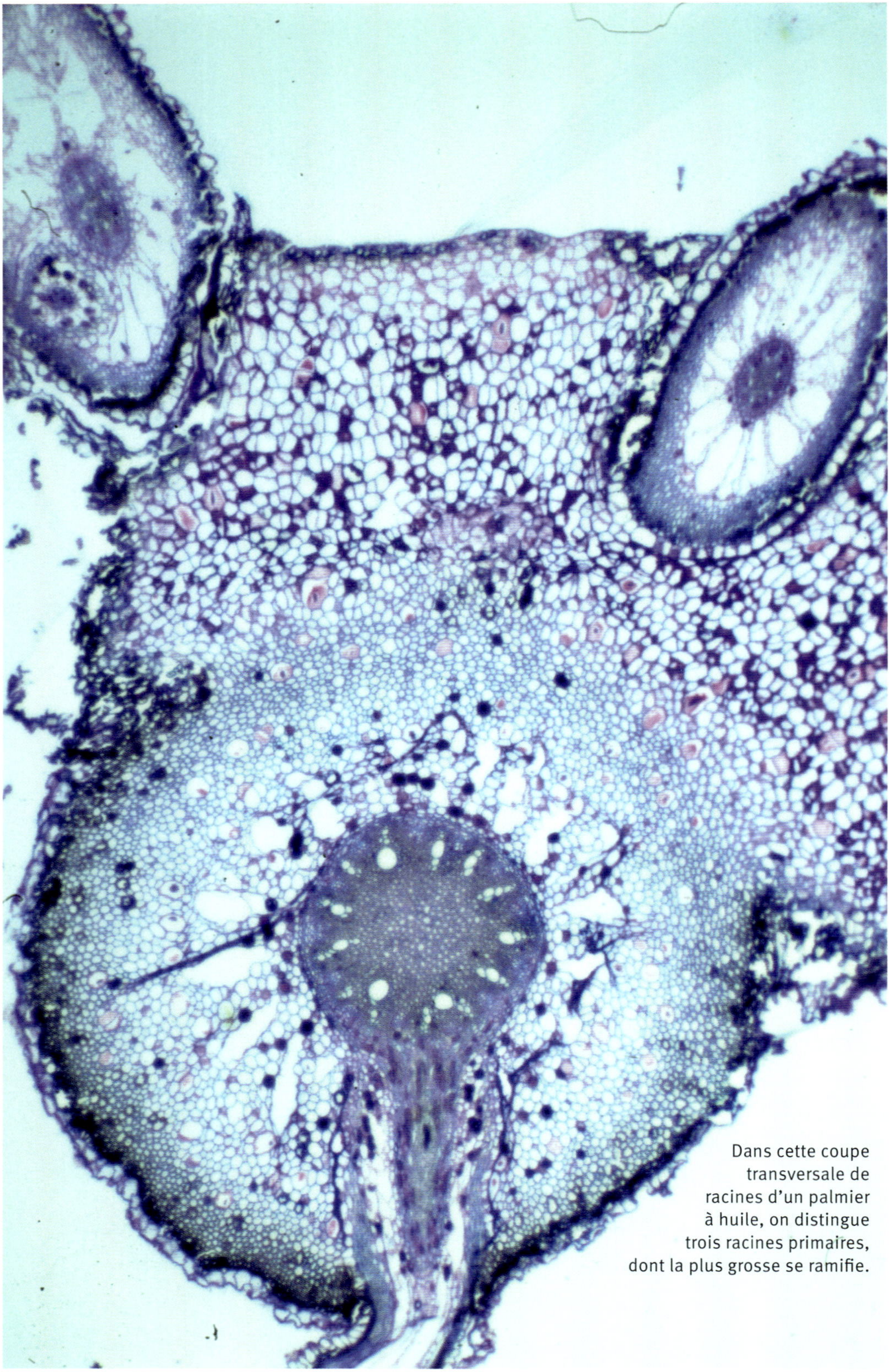

Dans cette coupe transversale de racines d'un palmier à huile, on distingue trois racines primaires, dont la plus grosse se ramifie.

Anatomie d'une racine

Alors que les organes aériens des plantes (tiges, feuilles, fleurs et graines) nous sont familiers, les organes souterrains demeurent secrets, méconnus. Il s'agit le plus souvent de racines, mais il existe aussi des rhizomes et une diversité de tubercules qui peuvent être facilement confondus avec des racines, alors qu'il s'agit de... tiges : pour s'en assurer, il faut regarder de près leur anatomie. Entrons donc ensemble dans la plus profonde intimité des végétaux.

À la pointe du développement

De même que la tige, la racine pousse par son extrémité, son « apex ». C'est là que se trouve le méristème apical, lieu de la croissance et du développement en longueur de la racine. Toutefois, à la différence des tiges, qui ont une croissance rythmée par la formation de nœuds et d'entre-nœuds successifs, les racines, moins directement exposées aux variations saisonnières, ont une croissance continue et ne présentent pas de nœud.

Alors que le méristème de la tige se situe à son extrême sommet, celui de la racine est formé d'un amas cellulaire bien organisé, qui produit vers la pointe de la racine une coiffe dont les cellules sont parfaitement rangées en files indiennes. Celles situées à l'extérieur de la coiffe ont une fonction protectrice et se desquament au contact des particules de sol lors de l'élongation racinaire, alors que celles situées à l'intérieur accumulent des grains d'amidon, les statolithes, responsables de la perception de la gravité ! Ainsi, les racines s'orientent à merveille dans l'obscurité du sol.

Coupe longitudinale d'une racine de mil (diamètre : 1 mm).

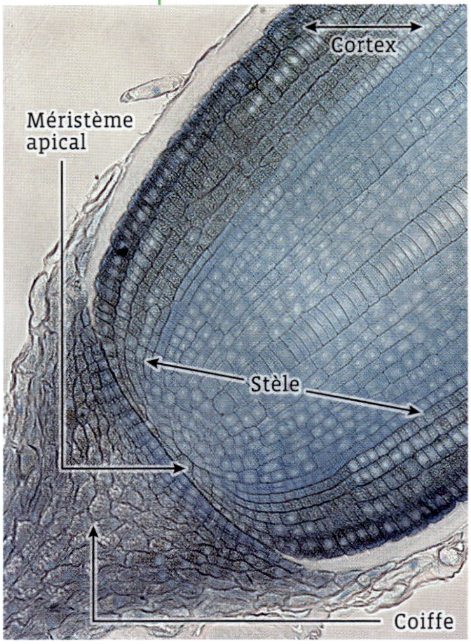

Protégé par la coiffe, le méristème apical produit des cellules qui vont se différencier en faisceaux conducteurs de sève – brute et élaborée – disposés au cœur de la racine, et en cellules périphériques constituant un cortex protecteur. Un rhizoderme composé de poils racinaires viendra recouvrir le tout. En observant les parties plus âgées de la racine, on peut voir que les cellules se multiplient, puis s'allongent jusqu'à leur taille définitive ; elles se différencient avec l'apparition de tissus protecteurs (écorce) et, chez les dicotylédones, de structures secondaires permettant la croissance des racines en épaisseur.

LE SAVIEZ-VOUS ?

Chez les plantes à graines, on distingue les espèces qui ne comportent qu'un cotylédon, les monocotylédones, de celles qui en comportent deux, les dicotylédones. Nous avons tous un jour fait germer un haricot ou des lentilles. On voit alors très bien à quoi correspondent les cotylédons, cette partie charnue de la graine qui contient les réserves permettant d'assurer les premiers stades de croissance avant la mise en place des premières feuilles et de la photosynthèse, et des premières racines pour absorber l'eau et les nutriments.

Une vitesse de pointe insoupçonnée

Les racines visibles ici sont celles d'un eucalyptus âgé de 4 ans en plantation au Brésil, à 8 m de profondeur. Elles mesurent 1 mm de diamètre et ont de nombreux poils racinaires derrière l'apex.

La vitesse d'allongement des racines est fonction de leur diamètre apical (plus faible chez les racines de petit diamètre), de leur position dans le système racinaire (plus rapide proche du tronc qu'en périphérie de couronne) et de leur profondeur dans le sol (plus rapide en profondeur). Elle varie aussi avec la taille et l'âge de la plante, son espèce et les contraintes environnementales. Les champions de vitesse de croissance racinaire sont le maïs ou le mil chez les céréales, avec des pointes de 2 à 4, voire 6 cm par jour, et l'eucalyptus chez les arbres, atteignant des vitesses similaires en profondeur !

Ces vitesses maximales ne sont pas maintenues toute l'année ; on observe de fortes variations de croissance en lien avec les conditions climatiques (sécheresses, inondations, températures élevées, gel, etc.). Avec des croissances moyennes de l'ordre du centimètre par jour, les systèmes racinaires d'espèces pérennes comme la luzerne ou l'eucalyptus peuvent atteindre 3 à 4 m de profondeur en un an. Et en quelques mois de culture, des espèces annuelles comme le seigle peuvent développer plus de 600 km de racines connectées au pied d'une seule plante, constituant un réseau complexe de systèmes racinaires intimement imbriqués et susceptibles d'interagir de multiples manières, comme nous le verrons au chapitre 3.

Un chevelu racinaire bien coiffé

Les racines disposent à leur apex d'une coiffe qui assure des fonctions insoupçonnées. En effet, des chercheurs écossais ont montré que, en enlevant la coiffe des racines, celles-ci devenaient incapables de se frayer un chemin pour pénétrer dans un sol sableux. En revanche, en présence de leur coiffe, elles parvenaient à exercer des forces considérables et à déplacer des particules de sable pour progresser plus avant en creusant les biopores nécessaires. Décoiffant, non ? Encore plus étonnant, les racines auraient des « pellicules » : au fur et à mesure de la progression des racines dans le sol, les cellules de la coiffe se desquament progressivement, tandis que la régénération de nouvelles cellules permet à cette dernière de ne pas disparaître.

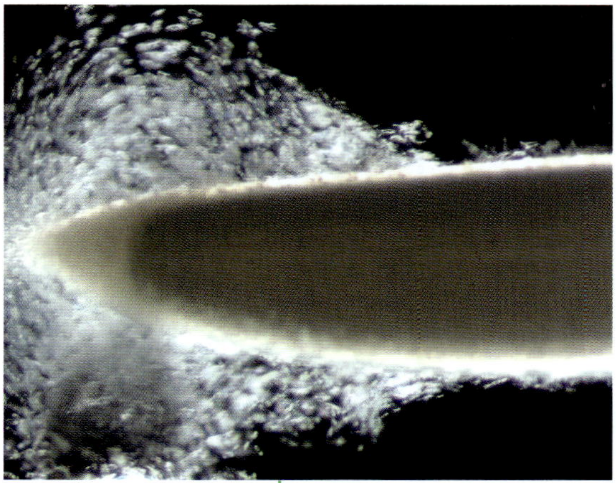

Desquamation des cellules de la coiffe d'une racine de maïs (environ 1 mm de diamètre).

Ce phénomène est souvent invoqué pour une supposée réduction des forces de friction exercées par les particules de sol alentour, sachant par ailleurs que l'apex de la racine est aussi le lieu d'une abondante sécrétion de mucilages : les racines auraient ainsi « recours au gel » pour de tout autres raisons qu'esthétiques. On a longtemps prêté à ces sucres polymérisés la vertu de lubrifier la racine pour faciliter sa progression dans le sol. Il n'en est rien. Les mucilages racinaires sont certes visqueux, mais ils ont plutôt la propriété d'agréger les particules de sol et d'assurer un bon contact entre les cellules de la racine et le sol environnant, une nécessité absolue pour permettre l'absorption de l'eau et des nutriments, en particulier lorsque le sol se dessèche et se rétracte alors autour des racines.

Ces sécrétions racinaires ont aussi pour effet de stimuler le développement de communautés microbiennes, comme nous le verrons au chapitre 3. Mais revenons aux cellules de la coiffe : après leur desquamation, elles poursuivent leur vie, détachées de la racine. Il a été montré qu'elles attiraient des communautés bactériennes spécifiques, jouant ainsi un rôle particulier dans l'immunité des racines… et avant tout dans la préservation de leurs extrémités apicales, siège de la croissance et du développement racinaire. Une tête bien faite, quand elle est bien coiffée !

Du rhizoderme, avec ou sans poils

L'épiderme des racines, ou rhizoderme, est une mince couche de cellules qui recouvrent la surface de ces organes souterrains, certaines se différenciant en poils racinaires, encore appelés « poils absorbants ». À l'interface avec le sol, les poils racinaires et l'ensemble du rhizoderme ont un rôle capital dans l'absorption des ressources souterraines : eau et éléments minéraux. Ce tissu est fragile et temporaire. Sa disparition au profit d'une écorce au niveau des portions plus âgées des racines va engendrer des perturbations dans les échanges avec le sol, tout en protégeant la racine des bioagresseurs (bactéries ou champignons pathogènes, parasites divers), mais aussi de la dessiccation.

Poils racinaires de blé dur observés avec un scanner racinaire à 20 cm de profondeur en région méditerranéenne.

Les poils aux pattes du chevelu racinaire

Curieusement, seule une portion de la racine présente une différenciation de certaines des cellules de son rhizoderme en poils racinaires, qui peuvent s'allonger sur un à quelques millimètres, avec un diamètre d'environ une dizaine de micromètres (millioniêmes de mètre). En effet, excepté chez quelques espèces qui ont développé des racines spécialisées (voir chapitre 2), les extrémités des racines sont glabres. Des poils n'apparaissent qu'au-dessus de la zone d'élongation racinaire, et ils disparaissent, comme une large part du rhizoderme, au niveau des parties plus âgées de la racine, c'est-à-dire plus distantes de l'apex. La zone pilifère, où se concentrent les poils racinaires, est donc plutôt réduite, de quelques millimètres à quelques centimètres suivant les espèces végétales.

La densité et la longueur des poils varient aussi considérablement, même au sein de chaque espèce végétale. Disposer de poils racinaires très allongés permet d'augmenter la surface d'échange à un moindre coût en carbone, et de mieux prospecter la porosité la plus fine au sein des agrégats de sol, ce qui serait inaccessible aux racines dont le diamètre est nettement plus grand. Chez l'orge, on a calculé que le volume de sol effectivement prospecté variait d'un facteur supérieur à dix entre variétés dont la longueur des poils variait d'un facteur trois. Les plantes de la grande famille des Poacées, à laquelle appartiennent des céréales comme l'orge ou le blé, sont réputées pour l'abondance de leurs poils racinaires. Ceux-ci contribuent assez largement à l'agrégation de particules de sol qui peuvent former des gaines adhérant très fortement aux racines des Poacées. C'est une des raisons pour lesquelles il convient de ne pas réduire les poils racinaires à leur simple fonction d'absorption en les qualifiant de poils absorbants.

Gaine de sol adhérant aux racines de blé dur.

Cependant, ce contact étroit avec les particules ou les agrégats de sol permet aux poils racinaires d'absorber l'eau et les nutriments contenus dans le sol. Les extensions spatiales que forment les poils racinaires sont très importantes pour des éléments minéraux peu mobiles dans le sol, comme le phosphore, le fer ou le zinc. Aussi, il peut paraître étonnant que toutes les espèces végétales n'aient pas « misé » sur une pilosité abondante, qui n'a pourtant rien d'accessoire pour le fonctionnement de la racine. C'est l'indice que certaines plantes font appel à d'autres solutions pour couvrir leurs besoins.

Les chemins détournés de l'absorption racinaire

Heureusement pour les plantes, les poils racinaires, et plus généralement les cellules du rhizoderme, ne sont pas le seul lieu d'absorption de l'eau et des éléments minéraux. En effet, les racines maintiennent leur fonction d'absorption en dehors de la zone pilifère, y compris au niveau des zones plus matures où leur rhizoderme est abîmé ou complètement disparu : c'est sans doute une forme d'adaptation à la vie souterraine et à la rugosité du sol qui constitue l'environnement naturel des racines. Par rapport aux cellules animales, les cellules végétales ont la particularité d'être entourées d'une paroi formant une sorte de squelette externe assez lâche. L'eau et les éléments minéraux en provenance du sol peuvent ainsi pénétrer à l'intérieur des tissus racinaires, en s'insinuant dans le réseau des parois qui occupent les espaces intercellulaires (ensemble appelé « apoplasme »).

Toutefois, pour rejoindre les vaisseaux conducteurs de sève brute au sein de la stèle, il leur faudra tôt ou tard franchir une membrane cellulaire, c'est-à-dire l'enveloppe des cellules qui permet d'assurer le contrôle des flux des ressources absorbées par la plante. L'absorption peut donc avoir lieu directement à la surface de la racine, au niveau des membranes des cellules du rhizoderme, qu'il y ait des poils racinaires ou non ; c'est la voie royale, la voie symplasmique. Mais elle peut tout aussi bien avoir lieu au niveau des différentes couches de cellules qui forment le cortex ; c'est la voie des chemins détournés, la voie apoplasmique. Chez de nombreux végétaux, l'absorption peut également se faire par l'intermédiaire d'organes symbiotiques tels que les mycorhizes (voir chapitre 3).

Le transport radial par les voies apoplasmique et symplasmique dans une racine vue en coupe.

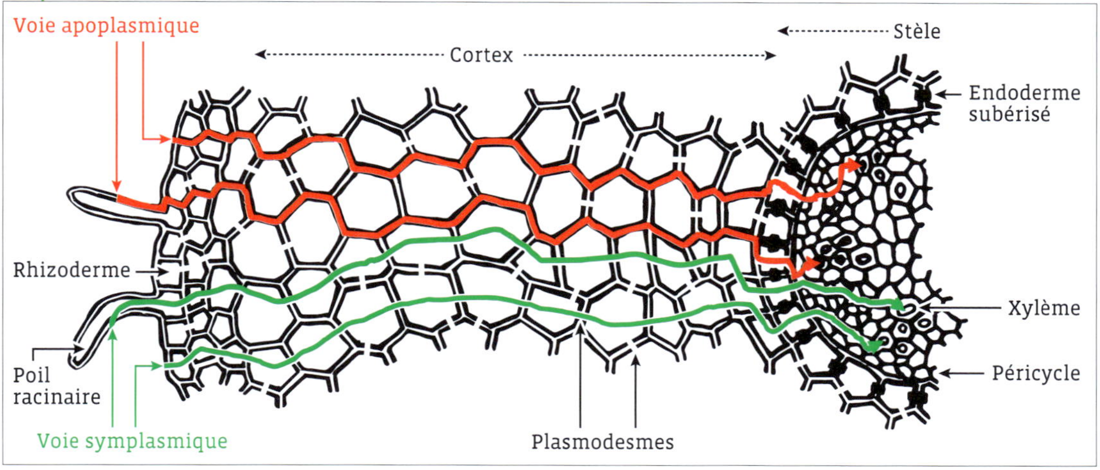

Un cortex bien-pensant

Outre son mince rhizoderme, la racine est aussi composée de la stèle (ou cylindre central), au cœur de la racine, et du cortex qui entoure la stèle. Pour beaucoup d'entre nous, le cortex évoque le siège de notre perception sensorielle et de notre langage, le cortex cérébral. Or le cortex racinaire est aussi le lieu d'échanges de signaux divers entre la racine et son environnement externe, ainsi que de la perception de ce dernier : des échanges radiaux (pas radio !) essentiellement, c'est-à-dire perpendiculairement à l'axe d'allongement de la racine. Le cortex transfère ainsi l'eau et les éléments minéraux à la stèle, qui concentre la « tuyauterie » racinaire en étant le siège des transports axiaux : les vaisseaux du xylème transportent ainsi la sève brute des extrémités racinaires vers les parties aériennes de la plante, tandis que ceux du phloème transportent en sens inverse la sève élaborée qui contient les sucres permettant la croissance des racines.

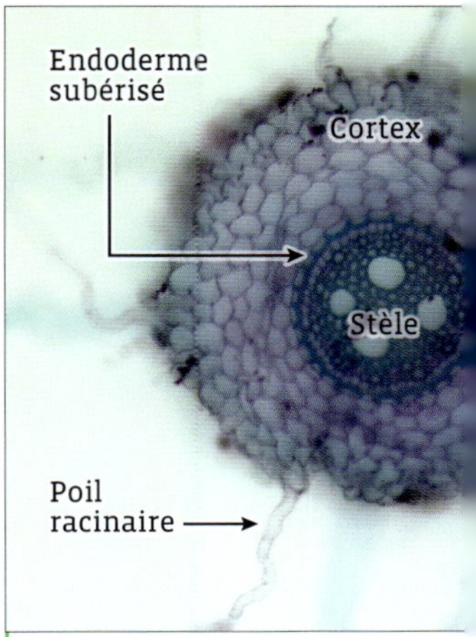

Coupe transversale d'une jeune racine de Poacée (diamètre de 0,6 mm). L'endoderme, qui marque la frontière entre cortex et stèle, est ici bien visible par sa coloration bleue liée à sa subérisation.

Limiter les dégâts pour faire face au manque d'eau

Comme nous l'avons vu, le transfert radial au sein du cortex racinaire se fait par la voie apoplasmique, c'est-à-dire le réseau tridimensionnel des parois intercellulaires, ou par la voie symplasmique. Dans ce dernier cas, l'eau ou les nutriments passent de cellule en cellule par des structures spécifiques, les plasmodesmes, minuscules tubes qui relient les cellules entre elles à l'intérieur des tissus racinaires. Outre l'eau et les éléments minéraux, de nombreuses autres substances peuvent ainsi transiter au sein de la racine, puis vers les organes aériens de la plante, une fois qu'elles ont atteint le xylème.

Parmi ces substances figurent notamment des hormones végétales telles que l'acide abscissique, qui est synthétisé dans les racines lorsqu'elles perçoivent un déficit en eau dans le sol. Cette hormone est alors transportée dans la plante jusqu'aux feuilles, où elle induit la fermeture des stomates, lieu des échanges gazeux entre la plante et l'atmosphère : c'est par ces pores à la surface des feuilles que le dioxyde de carbone (CO_2) est assimilé (photosynthèse) et que l'eau qui circule dans la plante est transpirée. Face au risque de stress hydrique perçu par les racines dans le sol, cela permet au végétal de réduire la perte d'eau. De ce point de vue, on peut considérer les racines comme le centre névralgique de la plante : lieu de la perception des conditions du sol et lieu d'émission d'informations capitales vers les parties aériennes, qui vivent littéralement « hors sol » !

Proliférer où cela paye en retour

Un autre exemple de la capacité des cellules racinaires à percevoir leur environnement concerne le repérage de zones du sol riches en nutriments. Il a été montré voici une cinquantaine d'années qu'en apportant les nutriments de façon hétérogène dans le milieu de croissance des racines, elles pouvaient orienter leur croissance pour se développer préférentiellement dans les zones les plus riches. Cela se produit ainsi pour l'azote et le phosphore, mais étonnamment pas pour le potassium.

Dans le cas de l'azote sous forme de nitrate, une équipe de chercheurs français a fait la démonstration que la perception se faisait au niveau des transporteurs de nitrate localisés dans les membranes des cellules impliquées dans l'absorption des nutriments, y compris dans les cellules du cortex. La plante « répond » alors en faisant proliférer son système racinaire dans ces volumes de sol riches en nitrate, où les conditions sont plus favorables à la croissance du végétal dans son ensemble. Il semble toutefois que le siège de la perception de la richesse du sol en nutriments ne soit pas toujours localisé dans les cellules racinaires du rhizoderme ou du cortex. Pour d'autres nutriments que le nitrate, ce sont les concentrations plus élevées dans les feuilles qui commandent la réponse de la plante en termes de prolifération racinaire : deux poids, deux mesures !

L'aérenchyme, bien plus que des trous d'air

L'aérenchyme correspond à des lacunes permettant la circulation de l'air entre les cellules des tissus végétaux. Il est bien connu chez certaines plantes aquatiques (nénuphars, jacinthes d'eau, joncs, etc.), puisqu'il permet à leurs feuilles de flotter ! Il permet surtout les échanges de gaz, et notamment d'oxygène, entre organes émergés et immergés. On retrouve de l'aérenchyme dans le cortex tout le long des racines des végétaux qui poussent dans des sols inondés, de façon permanente (marécages) ou temporaire (lors d'épisodes de fortes pluies et de saturation en eau des sols).

L'aérenchyme permet aux racines de respirer pour croître et survivre dans des conditions où l'oxygène fait défaut, car toutes les cellules d'une plante, jusqu'à celles qui se situent au plus profond du système racinaire, ont besoin d'oxygène pour couvrir leurs besoins métaboliques. Cet aérenchyme est particulièrement présent et efficace chez les espèces végétales des milieux marécageux, qui, sans ce type de structure, ne pourraient pas respirer ni se développer. Il existe cependant d'autres adaptations, avec des racines spécialisées, inféodées à ces milieux (voir chapitre 2).

Des espèces comme les phragmites ou le riz, une des céréales les plus importantes dans l'alimentation mondiale, majoritairement cultivées en conditions de sols submergés, présentent ainsi des aérenchymes particulièrement bien développés, qui occupent une grande proportion du cortex racinaire. Une partie de l'oxygène ainsi transféré depuis les feuilles jusqu'à l'extrémité des racines diffuse dans le sol autour des racines, conduisant à l'oxydation du fer. Cela se traduit par des plaques rouille à la surface des racines, qui contrastent avec la couleur gris-bleu des sols de marécages, liée à la rareté de l'oxygène.

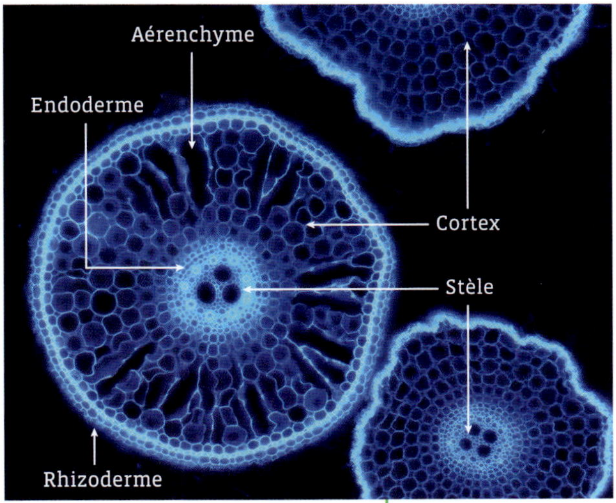

Aérenchyme en formation dans le cortex d'une racine de riz vue en coupe transversale.

En profondeur, les racines sont souvent au contact de la nappe phréatique et croissent même dans l'eau, en apnée ! L'oxygène étant dissous dans l'eau, donc peu accessible, c'est à partir de la surface qu'il arrive jusqu'aux pointes racinaires immergées *via* l'aérenchyme. Cette voie concerne aussi les plantes qui font « trempette » au bord des rivières et celles qui se trouvent submergées temporairement à cause d'inondations.

L'aérenchyme, une sobriété heureuse

L'aérenchyme se développe également dans les racines de certains végétaux sous d'autres conditions que celles des milieux submergés ou pauvres en oxygène. C'est particulièrement le cas dans des sols pauvres en nutriments, notamment en phosphore, qui sont fréquents en milieu tropical, surtout en l'absence de fertilisation. Une des explications avancées est que le développement de racines présentant un aérenchyme important permet à la plante de minimiser le coût de son investissement en carbone : les tissus racinaires qui contiennent beaucoup d'aérenchyme sont ainsi moins denses, de sorte que la plante, pour une même quantité de carbone ou de biomasse investie dans ses racines, développe une plus grande surface d'échange avec le sol et prospecte un plus grand volume de sol, afin de mobiliser plus efficacement ce nutriment peu mobile qu'est le phosphore (voir chapitre 4).

La stèle, instinct de survie

Gouttes de résine sur une racine de pin (environ 3 cm de diamètre) coupée net par la tempête Nils en 2026, lors du déracinement de l'arbre. En cas de blessure, la résine est exsudée pour faciliter la cicatrisation et limiter l'entrée des pathogènes.

Dans le langage courant, on associe principalement la stèle à la mort (stèle funéraire). Or la stèle des racines est vitale ; elle correspond au cœur dans tous les sens du terme : parce qu'elle est située au centre, au plus profond de la racine, et parce qu'elle abrite les vaisseaux conducteurs (de sève, en l'occurrence le « sang » des végétaux). La stèle est aussi appelée « cylindre central ». Elle est séparée du cortex par l'endoderme, une assise de cellules qui forment un cercle continu entre ces deux parties fonctionnellement différentes de la racine.

Un contrôle aux frontières

L'endoderme a la particularité de présenter une subérisation (dépôt de couches de subérine) dans ses espaces intercellulaires. La subérine est une substance cireuse qui rend ces espaces imperméables à l'eau. Ainsi, l'endoderme joue un rôle de barrière. L'eau et les nutriments sont donc contraints de passer par les membranes des cellules où s'exerce effectivement le contrôle des flux, en vue de les ajuster aux besoins de la plante.

En revanche, l'endoderme n'est pas différencié et subérisé au niveau des apex des racines (la partie la plus jeune de celles-ci). C'est ce qui explique que l'eau et certains nutriments soient préférentiellement absorbés à ce niveau, à des flux supérieurs à ceux qui se produisent dans les parties plus âgées des racines. Cette frontière quasi étanche que constitue l'endoderme est aussi importante pour limiter le risque d'intrusion de microorganismes pathogènes, et donc indésirables, qui pourraient se propager dans la plante et provoquer des maladies.

La vie ou la mort, pas si facile à définir chez les racines

La barrière assez efficace que représente l'endoderme face aux bioagresseurs microbiens permet de bien comprendre pourquoi on peut associer l'existence de cette assise cellulaire particulière à la notion d'instinct de survie. Ceci tient aussi au fait que, au niveau des parties plus âgées des racines, il est fréquent que le rhizoderme, voire le cortex aient

Pas qu'une affaire de cotylédons

Monocotylédones et dicotylédones ne diffèrent pas seulement par le nombre de cotylédons qu'elles comportent : elles présentent des différences anatomiques importantes au niveau racinaire. La plus marquante dans les jeunes racines est la taille de la stèle, partie centrale qui contient les faisceaux de cellules conductrices des sèves brute (xylème) et élaborée (phloème), disposés en alternance. Elle est bien plus importante chez les monocotylédones (Poacées, bambous, bananiers et palmiers, etc.), contenant une à deux dizaines de faisceaux conducteurs avec une moelle abondante, que chez les dicotylédones (majorité des Angiospermes, ou plantes à fleurs), contenant seulement 2 à 5 faisceaux et peu de moelle.

Une autre différence, plus délicate à observer, est la forme de l'épaississement de l'endoderme par subérisation et lignification, c'est-à-dire la localisation des dépôts de composés hydrophobes régulant les flux d'eau vers la stèle. Enfin, seules les dicotylédones présentent chez les racines âgées des tissus secondaires produits par le fonctionnement du cambium. Sa différenciation centripète pour le xylème et centrifuge pour le phloème produit de nouvelles assises cellulaires qui sont responsables de la croissance en épaisseur des racines. Ces formations secondaires n'existent pas chez les monocotylédones : leurs racines gardent le même diamètre tout au long de leur vie !

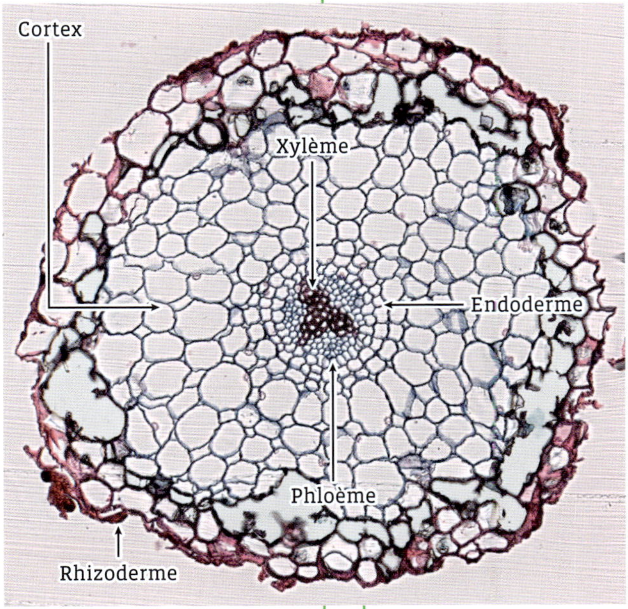

Coupe transversale d'une jeune racine de dicotylédone (teck, diamètre de 0,5 mm). Elle présente 3 faisceaux de xylème alternés avec 3 faisceaux de phloème. La stèle est réduite à moins de 0,1 mm de diamètre.

partiellement ou complètement disparu, tandis que la stèle (entourée de son endoderme protecteur) subsiste. Cet état de dégradation plus ou moins avancée de l'anatomie des racines leur permet toutefois de rester actives en continuant à transporter sèves brute et élaborée. Tant que l'apex de la racine est intact, l'ensemble de la racine peut être considéré comme étant encore en vie, alors que son anatomie n'est plus entièrement préservée. Ainsi, il est assez difficile de définir si une racine est morte selon de purs critères visuels, d'autant qu'il n'est pas toujours possible d'observer l'état de son apex.

Ligneuses ou herbacées

La structure anatomique des apex racinaires est commune à toutes les espèces végétales. Par contre, elle évolue différemment lorsqu'on s'éloigne des parties juvéniles de la racine selon qu'il s'agit de mono- ou de dicotylédones, seules ces dernières présentant des formations secondaires (bois et liber) se développant à partir du cambium. C'est ainsi que les racines de dicotylédones sont capables de voir leur diamètre grossir considérablement.

Cernes du pivot racinaire d'un robinier (6 ans, environ 3 cm de diamètre). On voit en bas à gauche le départ d'une racine latérale.

Chez ces dernières, il existe des espèces annuelles et pérennes et, parmi elles, des herbacées et des ligneuses qui se distinguent notamment par l'abondance de la lignine dans les racines comme dans les tiges. Chez les dicotylédones pérennes ligneuses, comme la plupart des arbustes ou des arbres feuillus, les portions âgées des racines sont composées de tissus secondaires produits par le fonctionnement du cambium et répartis en couches concentriques (cernes), avec une différenciation centripète pour le xylème (bois) et centrifuge pour le phloème (liber).

En milieu tempéré, du fait de conditions de croissance variant avec les saisons, il résulte du fonctionnement du méristème secondaire (le cambium) un empilement de cernes visibles qui concourt à l'augmentation du diamètre des grosses racines, celles qui constituent la charpente du système racinaire, surtout à proximité du tronc. Alors que les cernes sont produits de façon rythmée par les saisons en milieu tempéré, leur production est plutôt continue en milieu tropical humide. Chez les dicotylédones herbacées, l'extension des formations secondaires liées au fonctionnement du cambium est bien plus réduite, en particulier chez les espèces annuelles, comme le coquelicot ou l'œillet d'Inde.

LE SAVIEZ-VOUS ?

La lignine est, avec la cellulose, un composé propre aux parois des cellules végétales. Elle imperméabilise les tissus végétaux grâce à son caractère hydrophobe. Elle est plus abondante chez les plantes ligneuses que chez les herbacées, constituant de 20 à 40 % du bois dur des arbres. La lignine confère une résistance mécanique et à la décomposition, propriété particulièrement cruciale pour les racines qui poussent dans le sol. Et pour les charpentières qui courent à sa surface.

De belles racines charpentières, en partie anastomosées, ancrent ce hêtre dans le sol.

Des racines et des tiges

La transition entre la tige et la racine n'est pas toujours si marquée sur un plan morphologique, au niveau du collet de la plante. Cependant, il existe plusieurs différences anatomiques qui permettent de distinguer ces deux organes. Les fonctions des tiges et de leurs ramifications éventuelles, par exemple les branches d'un tronc d'arbre, nous sont assez évidentes : ce sont les parties des végétaux qui portent les feuilles et les fleurs ou les fruits, ou plus généralement les organes reproducteurs. Les feuilles sont les principaux organes impliqués dans la photosynthèse, c'est-à-dire dans la transformation du CO_2 atmosphérique en molécules carbonées simples. La chlorophylle qui leur donne leur jolie teinte verte est un pigment essentiel à cette transformation indispensable au fonctionnement des écosystèmes terrestres. Chez de nombreux végétaux, tout ou partie des tiges peut être chlorophyllien et contribuer ainsi au processus de photosynthèse. Tel n'est pas le cas des racines, dont l'utilité première est double pour la plante : assurer l'accès à l'eau et aux éléments minéraux qu'elle va puiser dans le sol, et garantir l'ancrage. Nous verrons que les racines ont bien d'autres fonctions.

Une affaire de transport bien organisé

Les tiges assurent aussi les échanges entre les racines et les feuilles : d'une part, le transport de la sève brute, qui contient l'eau et les nutriments prélevés dans le sol par les racines, vers l'ensemble des parties aériennes des plantes (feuilles et organes de reproduction) ; et, d'autre part, le transport vers les branches, les fruits et les racines des produits de la photosynthèse, *via* la sève élaborée. Les racines relaient également les tiges dans ces processus de transport avec leurs vaisseaux conducteurs : le xylème, qui conduit la sève brute, et le phloème, qui conduit la sève élaborée.

Une différence anatomique majeure entre tige et racine est la disposition des faisceaux de xylème et de phloème. Alors qu'ils sont alternés quand on observe une coupe transversale de racine, ils sont superposés dans la tige. Outre ces différences subtiles entre tiges et racines, leurs autres fonctions sont « radicalement » différentes.

Rhizomes et tubercules : fausses racines et vraies tiges

Ces deux types d'organes souterrains qui peuvent avoir l'allure de racines sont en réalité des tiges spécialisées jouant un rôle important dans la reproduction végétative de certaines plantes. Ce sont de « faux amis », même si ces tiges ont en commun avec de nombreuses racines de constituer des réserves en sucres et autres nutriments qui en font des aliments de choix (voir chapitre 5).

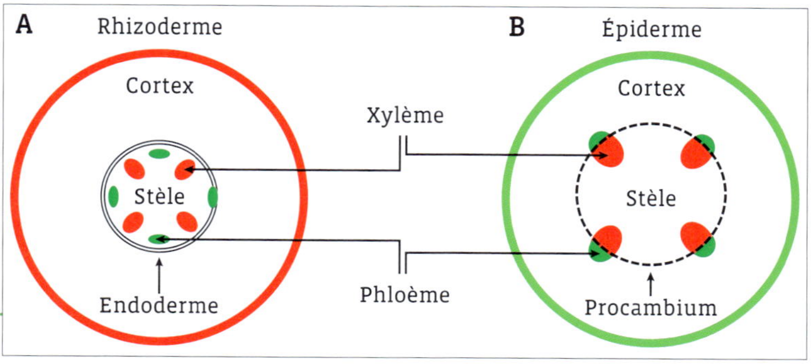

Coupes transversales schématisées montrant la différence de disposition du xylème et du phloème dans une racine (A) et dans une tige (B).

Rhizomes et tubercules ont des traits morphologiques distinctifs perceptibles à l'œil nu, sans avoir à observer la disposition de leurs faisceaux conducteurs sur des coupes microscopiques. Comme toutes les tiges, ils sont organisés en nœuds, qui sont les lieux d'insertion de feuilles, souvent en forme d'écailles, et de bourgeons, d'où partiront de nouvelles tiges ou feuilles.

Empruntant leur nom au grec *rhizôma*, qui signifie « touffe de racines » (*rhiza* signifiant « racine »), les rhizomes sont des tiges souterraines plutôt allongées poussant à l'horizontale chez de nombreuses espèces monocotylédones : par exemple, le muguet, les iris ou les roseaux en milieu tempéré, la canne à sucre, le gingembre ou le bambou en milieu tropical. Chez ces espèces pérennes, ce sont des organes de survie et de propagation très efficaces lorsque la partie aérienne meurt (en hiver en milieu tempéré), est coupée par un herbivore ou lors d'activités humaines. Ils comportent de nombreuses écailles qui donneront tige ou feuille, mais aussi de nombreuses insertions de racines adventives, nom donné aux racines qui se développent directement sur des tiges.

Rhizome et racines adventives de canne de Provence déracinés par une tempête.

Les tubercules sont d'autres formes de tiges souterraines renflées à ne pas confondre avec des racines. Dans le cas de la pomme de terre, la présence de « germes » à la surface de la « peau » ne trompe pas : il s'agit d'un tubercule correspondant à une tige, pas une racine. Mais, au pays des faux amis, il ne faut pas se fier aux noms vernaculaires. Ainsi, la patate douce est bien éloignée des patates rapportées en Europe par monsieur Parmentier, qui font partie, comme la tomate, de la grande famille des Solanacées. Elle appartient à la famille des Convolvulacées, et son organe souterrain de réserve, son tubercule, n'est autre qu'une racine !

Le terme « tubercule » regroupe donc à la fois des tiges souterraines (comme c'est le cas des crosnes ou des topinambours, et de l'igname parmi les plantes tropicales) et des racines renflées, tubérisées, dont les carottes et les panais sont les représentants les plus connus. Nous entrerons ultérieurement dans ces distinguos, au fil de l'exposé de leurs vertus culinaires (et pas caulinaires !).

Coupe transversale d'une racine de patate douce (diamètre de 2 cm). La coloration rose révèle l'omniprésence de glucides (amidon en l'occurrence) dans cet organe de réserve.

Des racines et des feuilles

Ces organes aux compétences foncièrement différentes forment un couple à la complémentarité exemplaire. Alors que les racines fournissent eau et éléments minéraux vitaux pour la plante (azote, phosphore, potassium, fer, etc.), les feuilles sont le siège de la photosynthèse, assimilant le CO_2 pour former les premières briques organiques des constituants de la vie végétale, des sucres, et produire au passage de l'oxygène. Il s'agit de fonctions capitales dans les écosystèmes terrestres qui sont le propre des organismes photosynthétiques, principalement les végétaux. Une grande partie de la vie sur Terre en dépend directement, en particulier les microorganismes décomposeurs et l'ensemble des animaux qui se nourrissent tous directement ou indirectement de substances organiques d'origine végétale.

Anatomie d'une chute

La chute marque la fin, en général ! À la différence de la plupart des racines, les feuilles ont une croissance déterminée et, inéluctablement, à leur mort elles chutent, y compris chez les espèces au feuillage persistant, comme la majorité des conifères ou de nombreux feuillus méditerranéens (chênes verts ou oliviers, par exemple), et chez la majorité des espèces tropicales. La chute des feuilles et leur retour au sol ne signifient pas forcément la fin de la vie chez les plantes pérennes. Leurs racines peuvent continuer à se développer, même lorsque l'activité photosynthétique est réduite, voire à l'arrêt : en plein hiver, il a pu être montré chez des épicéas à 1 500 m d'altitude dans les Alpes, dans des conditions d'enneigement important et de températures négatives peu favorables à l'activité photosynthétique des aiguilles, que les racines poursuivaient leur élongation dans le sol, à des vitesses réduites, certes, mais significatives, de l'ordre de 0,5 mm par jour, alors que les vitesses atteignent 3 mm par jour en période estivale.

Encore plus remarquable, il a été montré chez des arbres à feuillage caduc, perdant toutes leurs feuilles à l'automne, comme chez le noyer, que l'élongation racinaire pouvait atteindre en hiver des valeurs très proches de celles atteintes en période photosynthétique active (du printemps à l'automne), en particulier au niveau des racines très profondes. Ce phénomène de croissance racinaire en l'absence de photosynthèse est rendu possible grâce à une remobilisation de réserves carbonées contenues dans les racines plus grosses ou dans le tronc. Encore un secret du monde végétal qui était bien gardé jusqu'en 2016 !

Croissance mensuelle sur trois mois (octobre, novembre et décembre) des racines d'un noyer (suivi à l'aide d'un minirhizotron, tube transparent positionné dans le sol dans lequel est inséré un scanner).

Au-delà... encore une question de vie(s)

Autres critères distinctifs par rapport aux feuilles, les racines assurent l'ancrage de la plante dans le sol ainsi que de multiples interactions physiques et chimiques avec cet environnement clé pour la grande majorité des végétaux. En particulier, les racines sont à l'origine de la rhizodéposition, production par les pointes racinaires de nombreuses substances organiques libérées dans le sol à diverses profondeurs et par différents mécanismes que nous détaillerons plus loin.

Ces rhizodépôts sont primordiaux pour le fonctionnement des écosystèmes terrestres, en stimulant les activités microbiennes et les réseaux trophiques complexes du sol (voir chapitre 3). Par ces divers processus, les racines ont la faculté de modifier profondément les propriétés de leur environnement, le sol, tandis que les feuilles n'ont pas de telles capacités au niveau de leur environnement aérien.

Les racines contreforts de cet arbre tropical imposant, un fromager (*Ceiba pentandra*), s'enfoncent aussi dans le sol.

L'architecture créative et plastique des racines

Depuis que les végétaux ont quitté l'eau pour coloniser les continents, ils ont dû faire face à de multiples contraintes environnementales propres à ces milieux. Les premiers d'entre eux disposaient de systèmes racinaires rudimentaires. Nous connaissons aujourd'hui une grande diversité d'espèces végétales aux formes très différentes. Les forces évolutives ont fait preuve de beaucoup de créativité dans l'architecture des systèmes racinaires. La plasticité de ces derniers est tout aussi remarquable, leur permettant d'assurer leurs principales fonctions jusque dans les conditions les plus adverses.

L'art de se ramifier

Le célèbre et regretté botaniste Francis Hallé a illustré d'une façon magnifiquement stylisée toutes les variantes architecturales des plantes tropicales, débobinant maintes règles secrètes de leur développement, mais force est de constater qu'il a consacré des recherches aux seules parties aériennes. À l'inverse, Lore Kutschera et Monika Sobotik sont deux naturalistes autrichiennes qui ont dédié leur vie à la représentation très réaliste d'un nombre incalculable d'espèces, principalement herbacées des milieux tempérés, en s'attachant aux moindres détails de leurs ramifications racinaires.

Systèmes racinaires de caféiers de 3 ans au Brésil, après excavation pour étude de leur architecture.

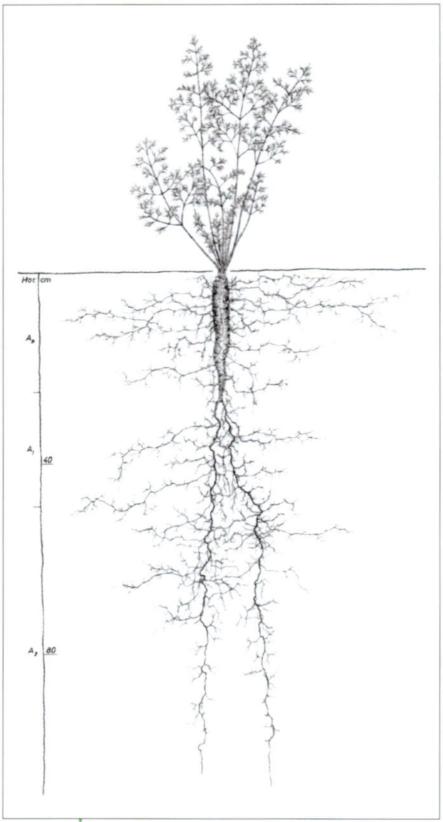

Système racinaire pivotant de la carotte (dessin issu du *Wurzelatlas, op. cit.*).

Leur *Atlas des racines des plantes cultivées dans les régions tempérées incluant des espèces légumières de plein champ* (*Wurzelatlas der Kulturpflanzen gemässigter Gebiete mit Arten des Feldgemüsebaues*), dont le premier tome est paru en 1960, cosigné avec Erwin Lichtenegger, est un chef-d'œuvre inégalé dont de nombreux dessins ont été rendus accessibles après numérisation par des scientifiques néerlandais (voir « Pour en savoir plus » en fin d'ouvrage).

LE SAVIEZ-VOUS ?

Le système racinaire correspond à l'ensemble des racines connectées à une plante, et son architecture représente la façon dont il est organisé dans l'espace (sa forme tridimensionnelle) et dont il est structuré (connexions et ramifications des racines).

Les règles de l'architecture racinaire

L'architecture racinaire des plantes est tout sauf aléatoire ; elle est tout d'abord déterminée par la génétique de la plante, qui s'exprime pleinement dans les sols ne présentant pas de facteurs limitants. Dans les sols présentant de larges contraintes, nous verrons plus loin que les plantes font preuve d'une grande plasticité racinaire.

Dans le cas sans contraintes à la croissance, le système racinaire primaire issu de la graine est constitué le plus souvent d'une seule racine séminale, la radicule, qui croît rapidement vers le bas et se ramifie généralement à 90° pour donner des racines fines à croissance horizontale. La radicule assure à la fois l'ancrage et l'alimentation en eau et en nutriments de la plante. Selon les plantes, la durée de vie des racines séminales peut être limitée dans le temps, quelques semaines chez les monocotylédones ; parmi ces dernières, les céréales comme le blé ont la particularité d'émettre quatre à six racines séminales à durée de vie limitée. Au contraire, chez la plupart des dicotylédones, la radicule perdure tout au long de la vie de la plante. Chez les premières, la radicule est remplacée par des racines dites « adventives » (car issues non pas de la graine mais de la base de la tige), formant un système racinaire fasciculé. Chez les secondes, la radicule devient un pivot qui porte des racines latérales horizontales (dites « charpentières » chez les ligneux) pour former un système racinaire pivotant.

Outre ces deux grands types, il existe de nombreuses organisations racinaires que nous allons détailler ci-après. Dans tous les cas, la plante suit des schémas de développement prédéfinis, avec une séquence temporelle déterminée, qui peuvent toutefois être fortement modulés par l'environnement. Les racines séminales ou adventives constituent les axes racinaires d'ordre 1, chacun étant amené à produire des ramifications successives, donnant des racines d'ordre 2, 3, voire 4.

Système pivotant ou fasciculé ?

Les systèmes racinaires pivotants sont les plus courants chez les plantes (dicotylédones), et surtout les plus diversifiés. Les systèmes pivotants dominants, où le pivot central contrôle l'ensemble des racines latérales, peu nombreuses et courtes, donnent la primeur à l'exploration en profondeur. C'est le cas chez le pissenlit ou le chêne. Le système pivotant peut être assuré par une multitude de pivots secondaires, mis en place au cours du développement de la plante soit par ramification du pivot primaire, soit directement à partir du collet ou bien des racines latérales. Chez les peupliers ou les saules, par exemple, ils renforcent l'ancrage et améliorent la prospection en profondeur. Lorsque le système pivotant est dominé par les racines latérales, souvent nombreuses et longues, l'exploration horizontale est alors privilégiée, et le système racinaire adopte un port étalé ; c'est le cas chez les pins ou les manguiers. Lorsque les racines pivotantes ou latérales se gonflent en stockant des réserves, on parle de systèmes racinaires tubéreux. C'est le cas des betteraves, des carottes ou des navets pour les pivotants, ou de la patate douce, du dahlia ou du manioc pour les racines latérales tubéreuses.

Système racinaire fasciculé du maïs (dessin issu du *Wurzelatlas*, *op. cit.*).

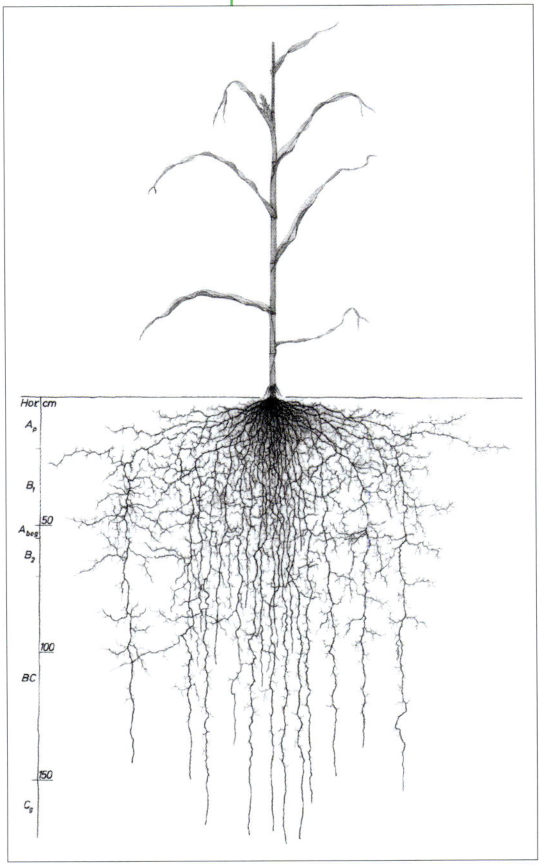

Contrairement aux systèmes pivotants, les systèmes racinaires fasciculés sont composés de plusieurs racines adventives, toutes de même diamètre chez les plantes adultes, insérées sur un plateau racinaire résultant d'un empilement de plusieurs nœuds à la base de la tige. Ces racines se ramifient généralement avec un angle de 90°, parfois jusqu'au 4e ordre de ramification (palmiers), et explorent le sol à la fois verticalement sous la plante et horizontalement tout autour. Ce sont les systèmes racinaires typiques des céréales et autres monocotylédones herbacées (poireau, oignon, bananier, etc.) ou arborescentes (palmiers).

Pousser dans toutes les directions

Les ramifications du système racinaire ne se font pas totalement au hasard, mais plutôt selon un programme génétique qui prédétermine des axes ou des directions privilégiées et des angles de ramifications relativement précis. Toutefois, les racines semblent douées d'une capacité remarquable de perception de leur environnement, car elles s'adaptent aux multiples contraintes, notamment aux composantes physiques, chimiques et biologiques du sol.

Le sens de la gravité pour les unes

Les racines sont sensibles à la gravité : on parle de gravitropisme positif pour celles qui poussent vers le bas, en profondeur, et de gravitropisme négatif pour celles qui poussent vers le haut. Comment est-ce possible ?

Les pointes racinaires se terminent par une coiffe souvent pointue, composée d'un alignement de cellules produites par le méristème apical, les statocytes. Dans ces cellules de forme rectangulaire, on trouve les composants classiques des cellules végétales (noyau, vacuole, cytoplasme, mitochondries, réticulum endoplasmique) ainsi que des statolithes. Ces derniers, également présents dans l'oreille interne des animaux vertébrés sous la forme de carbonate de calcium, sont des grains d'amidon. Ils font office de balancier en appuyant sur le réticulum endoplasmique fixé à la paroi distale des statocytes.

Grains d'amidon (statolithes) colorés en rose dans une racine verticale de palmier.

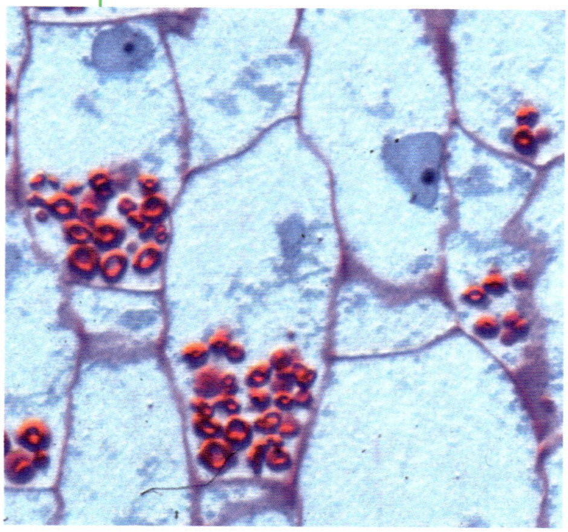

Il a été montré que, lorsqu'une racine à géotropisme positif pousse vers le bas, les statolithes, mobiles dans le cytoplasme et sensibles à la pesanteur, écrasent le réticulum au fond de la cellule de façon symétrique, provoquant un signal chimique symétrique lui aussi, permettant à la racine une croissance rectiligne. Par contre, si elle est déviée par un obstacle tel qu'une pierre et prend une direction de croissance horizontale, les statolithes se déplacent sur la paroi latérale du statocyte ; le contact avec le réticulum devient alors asymétrique, et un signal chimique (ions calcium) différentiel est envoyé vers la zone d'élongation cellulaire, située à 1-2 cm de l'apex, afin de bloquer la croissance d'une zone de la racine (celle située vers le bas), provoquant la courbure de la racine. Une fois la position verticale retrouvée, les statolithes reprennent leur position au fond du statocyte et exercent une pression symétrique sur le réticulum, garantissant à nouveau une croissance verticale.

Le sens de la légèreté pour les autres

Mais d'autres systèmes racinaires, ou certaines portions d'entre eux, aspirent à la légèreté plutôt qu'à la pesanteur. Que l'on ne s'y trompe pas, les racines horizontales qui semblent insensibles à la gravité la perçoivent ! En fait, malgré la sédimentation des statolithes sur les parois latérales des statocytes, elles sont dépourvues du signal asymétrique présent chez les racines à géotropisme positif. Elles peuvent ainsi poursuivre leur croissance horizontalement, et parfois très loin de la tige. Dans le cas des arbres, l'idée reçue que l'extension latérale du système racinaire ne peut dépasser celle du houppier est encore très fréquente. Y aurait-il un avertisseur chimique ou physique pour arrêter à cette limite la croissance des racines ? Un arbre au port élancé comme le cyprès serait-il empêché d'aller prospecter à plus d'un mètre de son tronc ? C'est bien sûr complètement faux ; aucun végétal n'arrête la prospection horizontale de son système racinaire à la limite de son houppier ! Il suffit de creuser et de suivre quelques racines, les plus grosses bien sûr, pour s'en rendre compte.

Maquettes 3D du système racinaire d'un eucalyptus âgé de 20 mois et haut de 10 m environ. Ces images montrent la variabilité de l'exploration des racines traçantes horizontales en surface et des pivots en profondeur.

Tropismes en tout genre

Parmi ce qui exerce une attraction sur les racines figurent de nombreux composants chimiques (chimiotropisme). Ainsi, les racines peuvent être amenées à se développer préférentiellement dans des portions du sol particulièrement riches en azote ou en phosphore. Cela dénote une certaine forme du moindre effort, de l'économie énergétique… au risque d'un parallèle anthropocentrique ! On peut observer ceci sur des arbres fruitiers alimentés en eau et en éléments fertilisants par une fertirrigation localisée, en goutte-à-goutte au pied des arbres. La réaction de l'arbre est alors, plutôt que d'investir du carbone dans son système racinaire pour prospecter le sol en profondeur, de faire proliférer ses racines au niveau de la zone du sol qui reçoit l'eau et les nutriments délivrés par l'agriculteur. Attraction fatale ? En cas de panne ou d'arrêt intempestif du système de fertirrigation, les arbres ne survivront guère longtemps du fait de leur système racinaire superficiel et atrophié.

Un cas assez singulier de chimiotropisme a été montré chez une espèce végétale particulière, *Noccaea caerulescens*, une des championnes des plantes hyperaccumulatrices de métaux. Ses racines prolifèrent dans des zones de sol très enrichies en zinc ou en cadmium. Dans les mêmes conditions, une espèce proche mais non accumulatrice de métaux, *Thlaspi arvense*, présente la réaction inverse d'évitement des zones de sols présentant un excès de zinc. Cette comparaison souligne une capacité des racines à manifester un chimiotropisme positif ou négatif vis-à-vis de métaux potentiellement toxiques.

Enfin, il peut également exister des (chimio)tropismes qui ont sans doute une origine biochimique, conduisant les racines d'espèces végétales à manifester soit de l'attraction entre elles, soit des phénomènes de répulsion ou d'évitement. Il a été ainsi montré que les racines de maïs pouvaient être attirées par la présence de racines d'hévéa. À l'inverse, il est connu que les racines de noyer excrètent de la juglone, une substance chimique aux vertus allélopathiques qui limite la croissance des racines d'autres espèces du voisinage.

Ancrage des plantes... et du sol

Les plantes terrestres, dès leur germination, voient leur radicule croître dans le sol et s'y développer pour assurer, sa vie durant, l'ancrage de la plante dans cet environnement. C'est là une différence fondamentale entre le règne animal et le règne végétal. Tandis que les animaux peuvent se déplacer s'ils rencontrent un environnement hostile, les végétaux n'ont pas cette faculté et doivent donc composer avec le milieu qu'ils trouvent, à l'endroit où atterrit, par des voies diverses et variées, la graine qui sera le point de départ de leur vie. Les végétaux ont toutefois développé de multiples capacités à façonner leur propre environnement, surtout celui de leurs racines : le sol, comme nous allons le voir. Et puis, finalement, si la plante ne peut se déplacer, ses racines ne cessent de se mouvoir tout au long de leur vie à la rencontre d'horizons de sol très différents, notamment en profondeur.

Eucalyptus d'un parc des Pyrénées-Orientales déraciné lors de la tempête Nils (2026), malgré ses profondes racines (sur cette photo, la plus longue mesure environ 4 m).

Parallèlement, la tige explore l'espace aérien à la recherche d'espace libre et de lumière. Rappelons-nous toutefois que, comme l'a si bien écrit La Fontaine, il peut être bienvenu d'avoir une tige flexible comme celle d'un roseau. En cas de grosse tempête, la rigidité du tronc exposé au vent pourra avoir raison d'un arbre aussi majestueux qu'un chêne, conduisant à son déracinement. En réalité, ce sont les conifères à l'enracinement superficiel qui seront les plus sensibles à pareil outrage du temps. Les ouragans de fin 1999 ont ainsi provoqué des chablis à très grande échelle : 485 000 ha de forêts (près de 1 % de la surface totale de la France) ont été couchés par terre, à plus de 50 % par déracinement ou rupture du tronc, particulièrement dans les pinèdes du massif landais, où l'enracinement est limité à 50-100 cm de profondeur par une couche de sol induré, l'alios. Tout cela est donc bien une question de flexibilité, de résistance mécanique, mais aussi d'architecture et d'ancrage. Que serait-il advenu au roseau s'il n'avait été solidement ancré dans le sol ? Déraciné, il aurait pu être emporté par le vent tel un fétu de paille !

Vivre en pente

Les végétaux sont capables de coloniser les sols, y compris sur des pentes très fortes. Lorsqu'il s'agit d'arbres, cela peut produire des dispositions singulières du système racinaire, conduisant à remonter la pente pour contrer les effets de la gravité ! En outre, les arbres mettent en place une stratégie d'adaptation de leur architecture racinaire : les racines situées vers l'amont de la pente, peu nombreuses, assez courtes mais très ramifiées, sont plutôt spécialisées dans « l'accroche » au sol, avec une forme cylindrique et un diamètre fin à moyen ; à l'opposé, celles situées vers l'aval sont plus nombreuses, assez longues, peu ramifiées et spécialisées dans le soutien de l'arbre, avec une forme ovoïde et un gros diamètre, certaines formant de véritables béquilles. Les premières sont adaptées pour résister à la traction ou à la tension grâce à une teneur en cellulose importante ; les secondes, pour résister à la compression ou à la flexion, ont une teneur en lignine élevée. Les racines latérales se développant dans le sens ascendant ou descendant présentent ainsi des modifications considérables dans leurs formes et leur organisation tissulaire.

Système racinaire d'un pin maritime en pente (Landes).

L'architecture et l'anatomie racinaire des arbres en pente raide sont donc asymétriques, contrairement aux arbres poussant à plat, pour augmenter la stabilité de la plante en modifiant la répartition des forces mécaniques dans le sol. Par ailleurs, la présence d'un ou plusieurs pivots qui poussent à la verticale sous l'arbre, certes aidés par leurs ramifications latérales, joue un rôle souvent déterminant dans l'ancrage, surtout au plus jeune âge.

Numérisation d'un système racinaire de pin maritime soumis au vent (les couleurs indiquent différentes classes de diamètre racinaire).

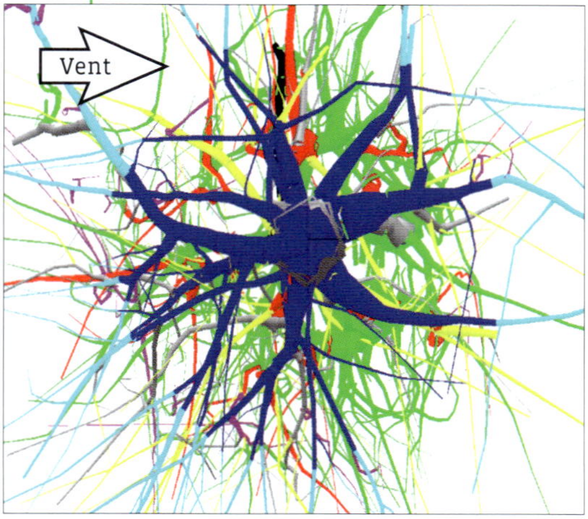

Être dans le vent

La résistance au vent, c'est un peu le même combat que la lutte contre la gravité dans les pentes. Les arbres sollicités par le vent dès leur plus tendre enfance ont appris à s'ancrer solidement dans le sol. Tel n'est pas le cas des arbres tuteurés, ni des arbres protégés par leurs congénères en forêt dense. En effet, les arbres de lisière, exposés aux vents dominants, sont en général plus résistants au chablis. D'une part, ils renforcent leur ancrage en réaction aux plus fortes sollicitations mécaniques dont ils font l'objet. D'autre part, ils bénéficient de l'absence de compétition interarbres dans la direction opposée à la forêt, avec une meilleure extension des racines dans cet espace moins concurrentiel.

Lutter contre la gravité

Volutes des racines contreforts d'un fromager en Casamance (Sénégal).

Chez les arbres aux statures les plus imposantes, comme de nombreuses espèces de la forêt tropicale humide qui luttent entre elles pour tirer profit du meilleur ensoleillement, garant d'une photosynthèse non limitante, il existe des racines contreforts, à l'instar de ce que pratiquaient les bâtisseurs de cathédrale. En fait, pour pouvoir supporter la masse du houppier à plus de 50 m de haut et tenir debout, certains grands arbres tropicaux ont développé toute une panoplie d'astuces. Certains ont mis en place des contreforts en forme de voilure en périphérie et à la base du tronc, d'autres en forme d'étais ou de haubans.

Il s'agit de racines qui apparaissent par réitération, c'est-à-dire qu'elles appartiennent au même ordre dans l'architecture racinaire. Ces structures aériennes sont généralement présentes en environnement humide, où le système racinaire est peu profond et où l'essentiel des nutriments est contenu dans les litières à la surface du sol. Elles contribuent significativement à la rigidité des arbres et améliorent leur résistance au vent.

Pousser à tout prix

Racine de figuier sectionnée alors qu'elle s'insinuait entre les blocs de granit d'un soubassement de maison, risquant d'endommager ses fondations (village d'Eus, Pyrénées-Orientales).

Le sol peut exercer toutes sortes de contraintes physiques et chimiques, et, pour y développer leurs racines, les plantes sont capables de nombreuses adaptations, parfois spectaculaires. À commencer par la faculté des racines à contourner ces obstacles, voire à les anéantir !

Des organes petits mais costauds

Les racines les plus fines apparaissent comme de frêles organes. Et pourtant, elles sont capables de prouesses mécaniques surprenantes. Comme nous l'avons vu plus haut, à moins d'être dépourvu de coiffe, le moindre apex racinaire est capable de déplacer des particules pour créer les biopores nécessaires à sa progression dans le sol. Ce processus, combiné à une croissance en épaisseur, particulièrement chez les espèces dicotylédones ligneuses, peut conduire à des biopores de très grosses dimensions (celles des racines elles-mêmes), se traduisant parfois même par une compaction localisée du sol en périphérie des racines en croissance.

La puissance des forces exercées est telle qu'elle peut conduire à la fissuration de roches ou de constructions humaines en pierre, qu'il est assez commun d'observer pour les racines les plus grosses. Les forces qu'exercent les plus petites racines sont tout aussi impressionnantes, et constituent le quotidien de leur vie souterraine, dès leur plus jeune stade de développement. Ainsi, il a été montré que les poils racinaires jouaient un rôle d'ancrage crucial pour les racines séminales, celles qui sont émises à la germination de la graine. La comparaison d'une variété de maïs mutante complètement dépourvue de poils racinaires avec une variété normale a révélé qu'en l'absence de poils racinaires, la plantule ne parvenait pas à enfoncer ses racines dans le sol et se desséchait à la surface du sol. À l'inverse, l'accroche fournie par les poils racinaires au niveau de leur zone pilifère permettait aux racines d'y parvenir.

Un autre processus important à ce stade initial du développement de la plante avait été mis en évidence par Charles Darwin lui-même. Il s'agit de la circumnutation, plus largement étudiée au niveau des tiges, de lianes en particulier. Au niveau racinaire, ce processus correspond à la trajectoire en spirale qu'emprunte la racine séminale au cours de sa croissance initiale, facilitant la pénétration entre les agrégats dans le sol. Quand la racine joue au tire-bouchon...

Structure rhizomorphe calcaire montrant que seules les cellules du cortex sont remplies de calcite (grains blancs), alors que la stèle ne l'est pas (couleur foncée). Le diamètre de ces racines est compris entre 1 et 2 mm.

Le sens du sacrifice

Parmi la diversité des modes de vie des végétaux, les racines peuvent élargir la gamme des possibles : elles contribuent à l'adaptation à des conditions de milieu particulièrement contraignantes. Ainsi, dans les sols contaminés où la toxicité des métaux est une menace pour l'existence même de nombreuses espèces végétales, celles qui y croissent ont développé plusieurs stratégies d'adaptation. La plus « radicale » d'entre elles consiste à absorber les métaux tout en limitant leur transport vers les parties aériennes, qui se trouvent ainsi préservées de la pollution métallique.

Un autre exemple des plus spectaculaires est celui des structures rhizomorphes observées en sols calcaires. En garrigue, où le sol est développé sur des roches calcaires affleurantes et abondantes, les racines parviennent à s'insinuer au sein de la roche elle-même en dissolvant le carbonate de calcium qu'elle contient (voir chapitre 4).

Le calcium absorbé par les racines s'accumule dans les cellules du cortex racinaire, où il précipite dans les vacuoles sous forme de calcite, au point de remplir le volume entier des cellules. Ce n'est pas une fossilisation, puisque ce processus se produit du vivant de la racine. Il permet à la plante de faire face à l'excès de carbonate de calcium ambiant, en le redistribuant pour se frayer un passage.

Des racines et du zèle

Racines aériennes de figuier des banians à Hilo (Hawaii).

Les racines, qui sont, par définition, les organes souterrains des plantes, se voient parfois pousser des ailes… et devenir aériennes. Il arrive en effet chez d'assez nombreux végétaux que des racines soient émises au niveau des entre-nœuds des parties aériennes. C'est très visible, chez une espèce comme le maïs, à la base de la tige, où apparaissent plusieurs couronnes rapprochées portant chacune des racines charnues et colorées, émises quasiment en rangs serrés à l'horizontale, qui sécrètent des quantités importantes de mucilages. Les plus basses se courbent et finissent par pénétrer dans le sol, renforçant l'ancrage du pied à la manière des haubans d'un mât de navire. Les étages supérieurs de ces racines adventives qualifiées de « coronaires » ne s'allongent pas, de sorte qu'elles demeurent aériennes. De nombreuses espèces des zones tropicales humides émettent des racines aériennes depuis leurs branches. Cela peut donner des rideaux impressionnants de racines qui retombent jusqu'au sol : c'est le cas de nombreuses espèces de figuiers.

S'accrocher à son voisin…

Les épiphytes, fréquentes parmi les orchidées tropicales, présentent des racines aériennes qui assurent l'ensemble des fonctions qui incombent aux racines, en particulier l'absorption des ressources et l'ancrage, même si ceux-ci ne se font pas dans le sol. Les racines de ces orchidées stockent eau et nutriments dans le velamen (amoncellement de cellules mortes faisant office d'éponge protectrice) et possèdent des pigments chlorophylliens capables d'effectuer la photosynthèse !

Racines-crampons du lierre.

D'autres espèces sont enracinées dans le sol, mais développent des racines aériennes leur servant essentiellement à s'ancrer sur une plante ou un objet voisin, qui devient leur tuteur. C'est typiquement le cas de lianes comme le lierre, dont les tiges sont couvertes d'alignements de courtes racines qui se ventousent sur un arbre, un rocher ou un mur. Enfin, il existe d'autres cas comme le gui, une plante hémiparasite. Les organes qui assurent son ancrage à la plante parasite sont en réalité de véritables suçoirs servant à pénétrer dans les tiges parasitées pour y capturer le contenu de la sève brute (eau et éléments minéraux). Palliant l'absence de racines, ces suçoirs ne sont toutefois pas à proprement parler des racines aériennes.

Épiphytes, ou comment vivre hors-sol

Les espèces épiphytes font exception dans le monde végétal : leurs racines ne sont pas ancrées dans le sol, contrairement à la plupart des végétaux supérieurs. Ce sont des espèces assez abondantes dans les forêts tropicales humides, où elles s'installent sur les troncs des arbres, plutôt en hauteur pour obtenir un bon ensoleillement.

Ces plantes, qui comptent de nombreuses espèces d'orchidées de grande taille, se trouvent bien trop haut pour s'enraciner dans le sol. Pour autant, elles ne peuvent se contenter de l'air du temps, même si elles doivent se résoudre à une certaine frugalité : leurs racines aériennes sont contraintes d'absorber l'eau de pluie et celle qui ruisselle avec les nutriments le long des branches et du tronc.

En se positionnant souvent aux points d'insertion des branches susceptibles de piéger des feuilles et autres débris organiques, elles peuvent bénéficier de la décomposition de ces derniers comme source additionnelle de nutriments.

Racines aériennes d'orchidée épiphyte (Hawaii).

… Et finir par l'étrangler

Dans le cas particulier des figuiers étrangleurs, les racines aériennes sont émises en grande quantité par la plante, qui démarre son existence comme épiphyte. Ces racines, progressivement coalescentes, vont rejoindre le sol et s'y ramifier, tout en enrobant le tronc de l'arbre qui leur sert de support. Celui-ci va finalement mourir, et son tronc se décomposer, laissant la place au pseudo-tronc formé par les racines aériennes du figuier étrangleur. Cette plante est appelée ainsi car elle est constituée de racines aériennes soudées entre elles, empêchant parfois la croissance en diamètre de l'arbre qui en est devenu le prisonnier, après en avoir été le tuteur. Ces figuiers sont célèbres aussi pour leur capacité à recouvrir d'autres supports comme les murs d'habitations ou de temples abandonnés, tels que dans la fameuse cité d'Angkor.

Figuier étrangleur sur un vieux mur de caserne en Casamance (Sénégal).

Les fantaisies des racines spécialisées

Les systèmes racinaires de nombreuses espèces végétales peuvent présenter des architectures singulières, souvent en lien avec une forme de spécialisation, une fonction privilégiée. Il en va ainsi des racines aériennes, qui jouent un rôle avant tout structurel, ou des racines de stockage de réserves (sucres) à l'instar des racines tubéreuses, mais aussi de formes plus diversifiées et rares, comme les racines « dauciformes » des Cypéracées ou les racines « protéoïdes » des Protéacées telles que les *Grevillea* ou les *Macadamia*, qui optimisent la fonction d'acquisition des nutriments, contribuant à l'adaptation de ces plantes aux sols les plus pauvres de la planète.

Les racines protéoïdes des Protéacées

Cette famille de plantes endémiques d'Australie, principalement, se développe dans les sols parmi les plus contraignants du monde, acides et très pauvres en phosphore ou en micronutriments comme le cuivre ou le zinc. Paradoxalement, la plupart d'entre elles ne forment pour autant aucune symbiose avec les champignons mycorhiziens. En revanche, elles présentent des racines protéoïdes : certaines portions de leur système racinaire ressemblent à des rince-bouteilles, tant les racines latérales sont denses et juxtaposées, que les chercheurs qualifient de *clusters*.

Racines en *clusters* de Protéacée en Australie occidentale.

Ces racines latérales ont d'autres particularités : elles s'allongent assez peu et ne se ramifient pas. Elles sont tapissées de poils racinaires quasiment jusqu'à leur apex, et ont une durée de vie limitée à quelques semaines. Pendant cette courte période, elles se distinguent aussi par leur énorme activité métabolique, qui les conduit à libérer dans le sol environnant des quantités importantes d'acides organiques et d'enzymes susceptibles de minéraliser le phosphore organique. Une façon efficace de mobiliser le peu de phosphore contenu dans les sols de leurs régions d'origine.

Des racines aux caractéristiques en tout point équivalentes se retrouvent chez une espèce de milieu tempéré originaire d'Europe, le lupin blanc. Et cette espèce a également en commun de ne jamais former de mycorhizes, préférant à cette symbiose sa stratégie singulière de développement racinaire. C'est d'autant plus étonnant que le lupin blanc est une Fabacée, famille dont la plupart des espèces, y compris d'autres lupins, font appel à la symbiose mycorhizienne. Le lupin blanc, tout comme les Protéacées australiennes, est pourtant une espèce très efficace pour acquérir du phosphore en sol pauvre. C'est même une championne en la matière. Cela suggère que l'évolution a conduit au moins par deux fois à sélectionner des adaptations racinaires similaires dans des environnements pourtant très éloignés. Beaucoup de travaux ont porté sur le lupin blanc comme modèle de plante d'intérêt dans le contexte de la réduction des intrants en agriculture : ses capacités hors pair à couvrir ses besoins en phosphore grâce à ses racines en *clusters* en font une candidate pour le développement de l'agroécologie.

Les racines dauciformes des Cypéracées

Cette famille végétale très diversifiée, avec environ 5 000 espèces, regroupe de nombreuses espèces connues pour leur capacité à prospérer en sols pauvres, sous climat boréal, tempéré ou tropical. Parmi elles figurent notamment les carex et le papyrus. Alors que les Protéacées sont une petite famille peu répandue sur la planète, les Cypéracées constituent une des plus vastes familles de plantes qui ne forment pas de symbiose mycorhizienne, à quelques exceptions près.

Là encore, il semble que ces plantes non mycorhiziennes aient adopté une morphologie racinaire singulière, qui les rend particulièrement efficaces pour acquérir le phosphore dans les sols où elles se développent. Leurs racines ressemblent à de petites carottes (*Daucus carota*) dont la forme renflée est due à l'abondance de leurs poils racinaires contigus. Ce trait morphologique les rapproche des racines en *clusters*, avec lesquelles elles partagent une aptitude remarquable à s'adapter aux sols très acides et appauvris en nutriments comme le phosphore.

Les pneumatophores, pour survivre les pieds dans l'eau

Certaines espèces végétales qui vivent en bordure de plans d'eau douce ou salée ont développé d'autres types de racines spécialisées qualifiées de « pneumatophores ». Il s'agit de racines qui poussent vers le haut et permettent de capter de l'air dans l'atmosphère au-dessus de la surface de l'eau, à la manière d'un tuba, pour que le système racinaire puisse respirer dans ces milieux submergés. Ce phénomène est particulièrement connu chez des végétaux qui poussent dans les vastes zones côtières des mangroves tropicales, les palétuviers du genre *Avicennia*. Ces plantes ont un système racinaire hérissé de très nombreux pneumatophores, qui hébergent une faune aquatique singulière, crabes de mangroves ou nurseries de poissons. Des pneumatophores se rencontrent également chez des espèces des milieux tempérés, en particulier celles qui font face aux sols saturés en eau des ripisylves : il en va ainsi du cyprès chauve.

Pneumatophores de cyprès chauve dans le parc de la Vallée-aux-Loups (Hauts-de-Seine).

Ectomycorhizes
de chêne et cordons
mycéliens dans
une truffière.

Rhizosphère et symbioses racinaires

La rhizosphère représente littéralement la sphère d'influence des racines. Il s'agit en effet du volume de sol autour des racines qui est soumis à leurs diverses activités. Siège de multiples interactions physiques, chimiques et biologiques, la rhizosphère constitue l'un des habitats les plus dynamiques sur Terre, notamment en tant que facteur d'une forte stimulation des activités microbiennes du sol.

Le *hot spot* des interactions racines-sol

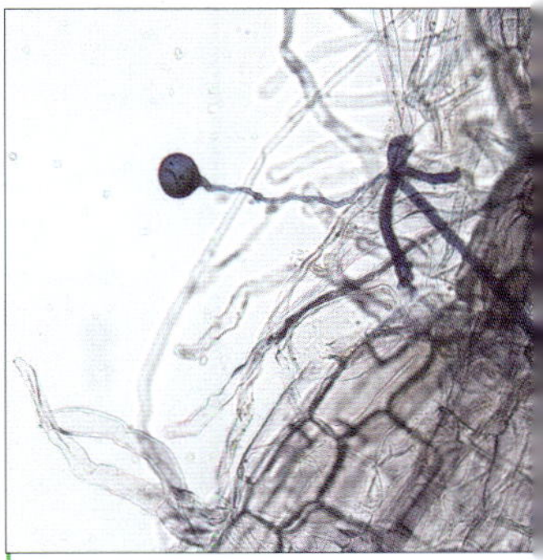

Gros plan sur une spore de champignon mycorhizien germant au milieu des poils racinaires pour entrer en symbiose avec le blé.

C'est un professeur allemand visionnaire, Lorenz Hiltner, qui, au début du XXe siècle, a pour la première fois introduit le concept de *Rhizosphäre*, défini comme la zone d'influence des racines. Il a souligné que, dans ce volume de sol autour des racines, les bactéries pouvaient prélever et immobiliser l'azote, mais aussi soutenir la fixation du diazote de l'air dans les nodosités des Fabacées et enrichir le sol de ce précieux nutriment. En mettant ainsi le doigt sur plusieurs facettes clés du cycle de l'azote dans les écosystèmes terrestres, il a ouvert la voie à tout un pan de recherches sur les interactions entre les racines et les sols, notamment grâce aux activités microbiennes. Celles-ci, ainsi que leurs effets sur la nutrition des plantes, les cycles biogéochimiques des éléments et la régulation de la santé des plantes, sont l'objet de ce chapitre.

Avec le développement de l'écologie moléculaire au cours des dernières décennies, les recherches sur la rhizosphère se sont considérablement multipliées, révélant la diversité et la complexité des interactions à l'œuvre dans ce volume de sol, aujourd'hui considéré comme un des *hot spots* les plus actifs de la vie microbienne dans les sols. Cela tient largement au fait que les végétaux, *via* la photosynthèse, sont les principaux producteurs primaires des écosystèmes terrestres et, donc, la principale voie d'entrée du carbone dans les sols.

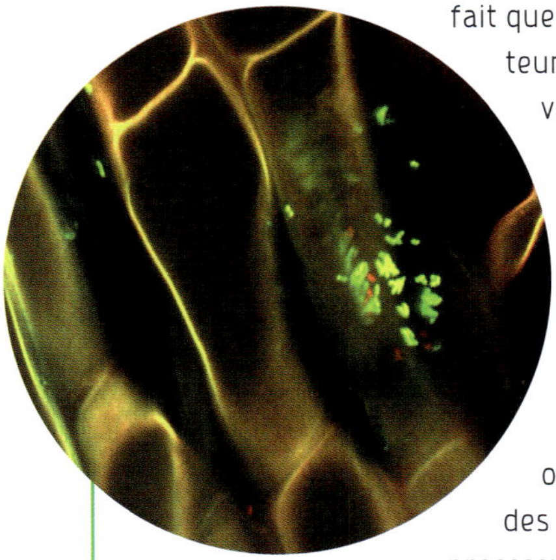

Deux espèces bactériennes autour d'une racine d'orge (microscopie à fluorescence). Les deux populations, en surface et non pas dans les cellules, apparaissent en rouge ou en vert, car elles ont fait l'objet d'un marquage pour les distinguer.

Les molécules carbonées d'origine végétale constituent en effet la principale source d'énergie pour les microorganismes du sol et pour l'ensemble des chaînes trophiques qui en découlent. C'est notamment au niveau des racines que cette ressource vitale est délivrée aux organismes du sol. À la différence des composés organiques produits au niveau des parties aériennes, qui reviennent au sol seulement à la mort de la plante ou de certains de ses organes, une partie significative du carbone des racines est libérée dans le sol du vivant de ces dernières. Ce processus est à la base de la stimulation des activités microbiennes dans l'environnement immédiat des racines, appelée « effet rhizosphère ».

Une source unique de carbone sous terre

Les racines constituent une entrée majeure de carbone dans le sol, en premier lieu sous forme de biomasse végétale, dont le devenir est de rejoindre tôt ou tard le compartiment des matières organiques du sol, à la mort des racines ou de portions de celles-ci. En outre, une partie importante du carbone alloué au système racinaire est libérée dans le sol du vivant des racines : c'est la rhizodéposition.

La rhizodéposition

Tout au long de leur vie, les racines fournissent du carbone au sol à travers l'ensemble des processus qui relèvent de la rhizodéposition et *via* la respiration. Cette dernière, à l'instar de ce que font les organismes aérobies animaux et végétaux ainsi que bon nombre de microorganismes du sol, correspond à la production de CO_2 et à la consommation de dioxygène (O_2). Environ un tiers du carbone alloué aux racines est libéré dans le sol sous la forme de CO_2, cette proportion variant suivant les types de racines et leur activité métabolique. De plus, une autre part du carbone du compartiment racinaire est libérée dans le sol sous la forme d'une diversité de composés organiques (notamment exsudats et sécrétions racinaires) du vivant des racines.

Les rhizodépôts comprennent aussi des lysats cellulaires résultant de la dégradation des cellules racinaires qui sont libérées dans le sol, comme les cellules de la coiffe. Cette rhizodéposition sous forme de débris et de lysats cellulaires peut être issue de la morsure des racines par des bioagresseurs, tels que de nombreuses larves d'insectes qui se nourrissent des contenus racinaires. Elle peut également résulter d'altérations d'origine mécanique, par des effets de friction ou de dessiccation du sol environnant. Enfin, au niveau des insertions des racines latérales (des ramifications), le jeune apex racinaire doit faire son chemin parmi les tissus depuis la stèle jusqu'au rhizoderme : les lysats des cellules potentiellement endommagées au passage contribuent à la rhizodéposition.

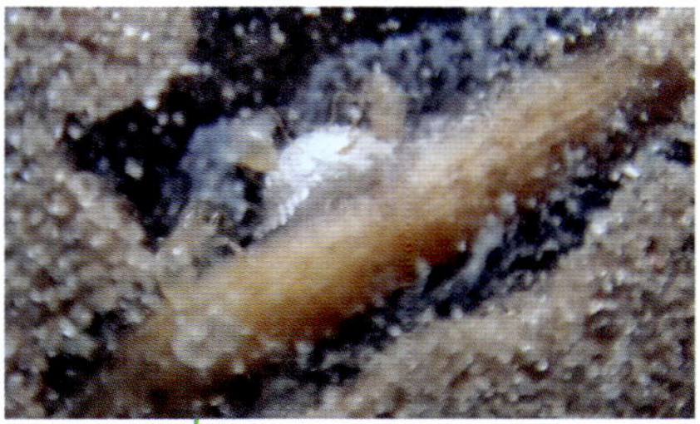

Fourmis encadrant une cochenille qui se nourrit de sève dans une racine de *Guiera senegalensis*, à 70 cm de profondeur (Sénégal). La fourmi bénéficie du miellat produit par ce bioagresseur.

LE SAVIEZ-VOUS ?

La lyse cellulaire se produit lorsque l'intégrité de la cellule est compromise par la destruction de la membrane plasmique, qui constitue normalement la barrière entre milieux intra- et extra-cellulaire. L'ensemble des composés et des organites cellulaires, des plus simples aux plus complexes, alors libéré dans l'environnement externe, constitue les lysats cellulaires.

Si la rhizodéposition représente en moyenne environ un tiers du carbone issu de la photosynthèse alloué au compartiment souterrain, en réalité, cette proportion peut varier considérablement, de moins d'un dixième à plus de la moitié. Les scientifiques s'interrogent encore sur les motifs d'une telle perte de carbone par les plantes. Au cours des processus évolutifs, on aurait pu s'attendre à ce que des mécanismes soient mis en place pour conserver ces précieux composés carbonés à l'intérieur des racines, et ainsi limiter de telles fuites. La communauté scientifique s'accorde aujourd'hui à penser que, si ces mécanismes de rhizodéposition sont demeurés aussi importants après des millions, voire des dizaines de millions d'années d'évolution, c'est que les plantes tirent de multiples bénéfices de ce processus, en lien avec la stimulation des activités microbiennes qui en résultent dans la rhizosphère, mais aussi pour assurer un certain nombre de fonctions propres aux racines, en particulier l'acquisition de l'eau et des nutriments.

En effet, les rhizodépôts ne sont pas seulement une source de carbone pour les organismes du sol. Certains d'entre eux contiennent des nutriments comme l'azote et le phosphore. Des études montrent clairement que la rhizodéposition concerne aussi des composés azotés (même si celles qui portent spécifiquement sur ces nutriments sont beaucoup moins nombreuses), notamment des acides aminés ou des protéines, et que les flux d'azote ainsi libérés dans le sol sont plus importants chez les plantes dont les racines sont plus riches en azote. C'est typiquement le cas des Fabacées, qui rhizodéposent en moyenne près de deux fois plus d'azote dans le sol que des plantes non fixatrices d'azote. Près de 10 % de l'azote contenu dans les racines en ressort par rhizodéposition.

Exsudats et sécrétions en tout genre

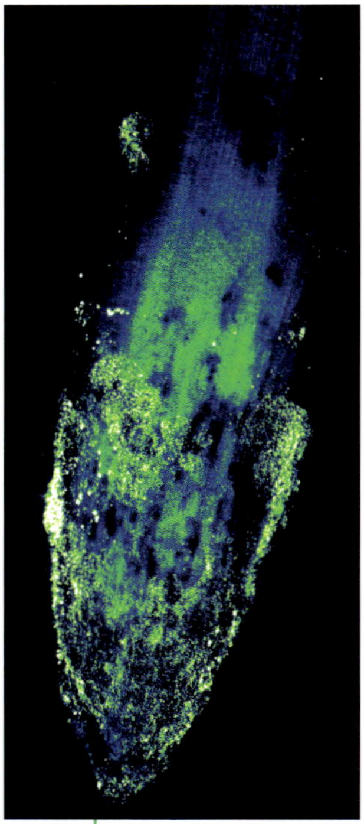

Bactéries (*Bacillus subtilis*) colonisant l'apex d'une racine (0,5 mm de diamètre) de haricot en réponse à la production abondante d'exsudats et de mucilage.

L'exsudation racinaire correspond à la libération de molécules très diversifiées, des milliers de composés différents semble-t-il, parmi lesquels ceux qui prédominent sont des composés relativement simples tels que des sucres, des acides organiques et des acides aminés. Les sécrétions racinaires représentent la libération dans la rhizosphère de molécules de plus grande taille qui empruntent le plus souvent des voies différentes pour sortir des cellules racinaires. Il s'agit notamment de protéines, telles que certaines enzymes, et de divers types de polymères, dont certains sont essentiellement carbonés ; c'est le cas des mucilages.

Outre la lyse cellulaire, des mécanismes sont activés pour permettre le franchissement des membranes cellulaires par ces molécules de grande taille. Les mucilages sont sécrétés en grande quantité au niveau des apex des racines, et ils sont même visibles à l'œil nu chez les racines les plus grosses telles que les racines nodales émises à la base des tiges de maïs. Ces sécrétions jouent un rôle crucial pour maintenir le contact entre les racines et le sol environnant lorsque celui-ci tend à se dessécher. C'est même aujourd'hui un trait qui pourrait être recherché dans la sélection variétale pour disposer de variétés cultivées plus tolérantes face au stress hydrique, dans le contexte du changement climatique. Enfin, les mucilages (en grande partie des polymères de sucres simples) constituant une source de carbone relativement facile à métaboliser pour bon nombre de microorganismes du sol, ils contribuent à la prolifération de ces derniers dans la rhizosphère.

Les enzymes composent un autre ensemble de sécrétions racinaires très important pour le bon fonctionnement des racines. En effet, ce sont des protéines impliquées dans la catalyse de nombreuses réactions biochimiques dans le sol, et particulièrement dans la décomposition de molécules organiques aboutissant, *in fine*, à leur minéralisation. Sous la forme de protéases, elles vont permettre de décomposer des protéines en acides aminés par exemple ; sous la forme de nucléases, elles vont permettre de décomposer l'ADN, molécule très riche en phosphore, en composés de plus petite taille moléculaire.

Au terme de tels processus, on obtient des formes minérales, ions nitrate ou ammonium pour l'azote, ions phosphates pour le phosphore, ou sulfates pour le soufre. Ces processus enzymatiques sont d'ailleurs plus le fait du microbiote des racines que des racines elles-mêmes, comme nous le verront plus loin. Au-delà des sécrétions racinaires, le phénomène d'exsudation a une fonction majeure dans la stimulation des activités microbiennes de la rhizosphère, mais facilite aussi directement la nutrition minérale des plantes. Il fait l'objet de très nombreuses recherches et a passionné des générations de chercheurs depuis le début du siècle dernier.

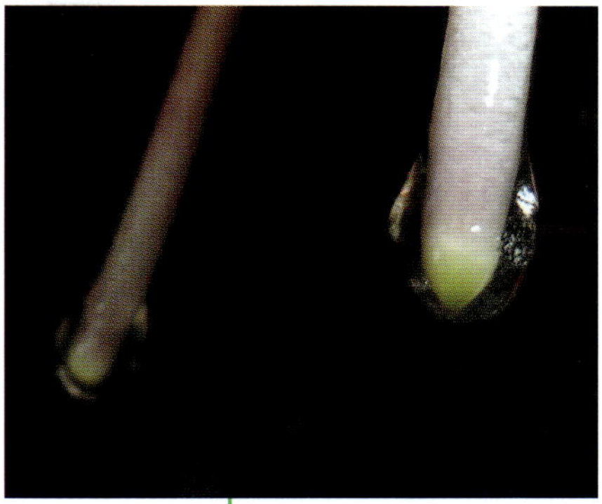

Gouttes de mucilage à l'apex de deux racines aériennes (3 mm de diamètre) dans un sous-bois au Costa Rica.

Une grande partie des exsudats racinaires sort passivement des racines par des phénomènes de diffusion, en raison d'importantes différences de concentration entre les compartiments intra- et extracellulaires. Les sucres, acides aminés et organiques, abondants dans les cellules racinaires, diffusent ainsi librement dans la rhizosphère, où ils font le bonheur des communautés microbiennes du sol. Mais ce n'est pas tout ! Les plantes ont mis en place des mécanismes de régulation de ce phénomène d'exsudation : les cellules des racines disposent de transporteurs pour réabsorber ces molécules essentielles et limiter les pertes, tout en en faisant bénéficier au passage leur microbiote rhizosphérique ; lorsqu'il s'agit de molécules riches en azote comme les acides aminés, ce sont aussi les plantes voisines qui peuvent en bénéficier, comme cela a pu être mesuré dans des prairies diversifiées ou des cultures associées. C'est tout l'intérêt de la vie en association !

Certains de ces exsudats, comme de nombreux acides organiques, ont également la capacité de rendre plus disponibles des éléments minéraux contenus dans le sol, notamment le phosphore ou le fer. Il s'agit là de processus cruciaux chez tous les végétaux, mais certaines espèces en sont les championnes. Ainsi, grâce aux capacités décuplées des racines en *clusters* ou des racines dauciformes à exsuder des acides citrique ou malique, les Protéacées et les Cypéracées sont bien mieux équipées que les autres espèces végétales pour faire face à des sols où la disponibilité du phosphore est réduite. Ces acides organiques parviennent en effet à mobiliser le phosphore présent sous des formes peu disponibles.

Le « savoir-fer » des racines de Poacées

Les phytosidérophores sont des exsudats de la famille des acides muginéiques, acides aminés n'entrant pas dans la constitution des protéines. Ils sont propres aux Poacées, qui rassemblent des céréales très communes comme le blé, l'orge, le maïs ou le riz, ainsi que de nombreuses espèces prairiales.
Ces exsudats sont produits de façon accrue lorsque la plante perçoit une carence en fer. C'est particulièrement le cas en sol calcaire, où la disponibilité du fer est minimale et limitante pour de nombreuses espèces végétales. Or ces exsudats sont très efficaces pour mobiliser le fer dans de telles conditions et pour faciliter son transport à l'intérieur des cellules racinaires *via* des transporteurs adaptés. C'est ce qui explique leur nom (du grec *phyto*, « plante », *sideros*, « fer », et *pherein*, « porter ») et l'abondance de Poacées en sols calcaires. Les Poacées ont ainsi un avantage sélectif incontestable pour se développer dans de tels environnements.

Préalablement à la symbiose mycorhizienne, et après un échange de signaux codifiés, l'extrémité des hyphes (fluorescence bleue) se gonfle à la surface des cellules aux points où elles vont pénétrer dans la racine de blé dur (diamètre de la racine : 0,3 mm).

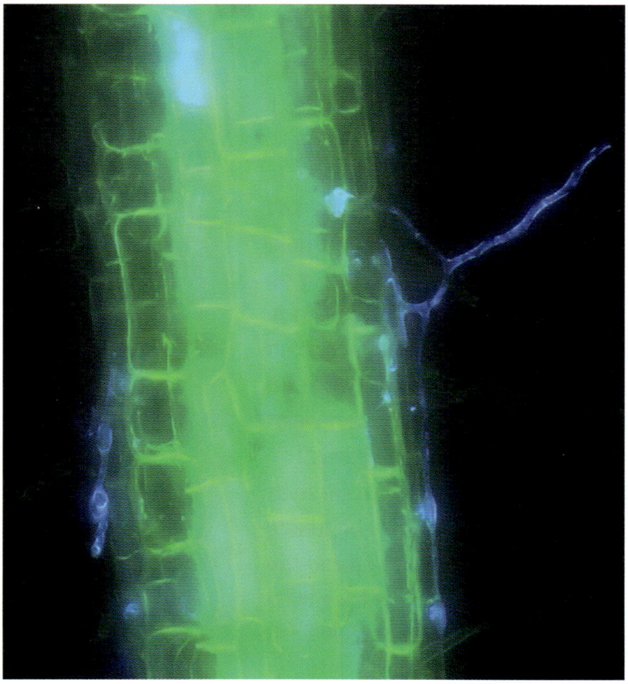

De l'art de la communication souterraine

Parmi les exsudats racinaires dont on commence à peine à décrypter toute la diversité et la subtilité des formes moléculaires, quelques-uns sont impliqués dans les capacités surprenantes des racines à communiquer avec leur environnement, biotique et abiotique. Certains des exsudats racinaires constituent des signaux émis par les racines, celles-ci étant aussi en mesure de déchiffrer des signaux émis par des organismes du sol. Des échanges de signaux sortants et entrants ont été élucidés d'assez longue date dans le cas des symbioses racinaires ; d'ailleurs, ce dialogue moléculaire constitue un prérequis à la formation des organes symbiotiques.

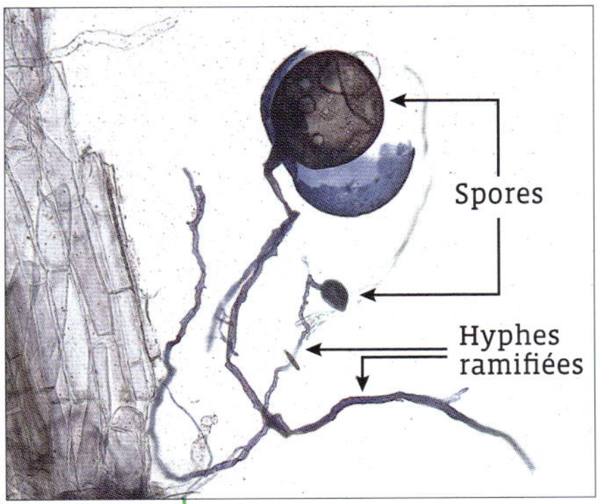

Spores de deux champignons mycorhiziens (la plus grosse a un diamètre d'environ 30 µm) germant en réponse à l'émission de strigolactone par la racine de blé dur voisine.

Des signaux sortants

Il a été montré que les racines des Fabacées exsudent des flavonoïdes et des bétaïnes qui ont la capacité d'attirer des bactéries du sol de la famille des Rhizobiacées. Ces bactéries peuvent fixer le diazote de l'atmosphère, c'est-à-dire casser cette molécule très stable pour former des ions ammonium. Toutefois, cette fixation ne peut se produire qu'à l'intérieur de la nodosité, l'organe symbiotique qu'elles forment au niveau des racines de Fabacées ; à l'état libre dans le sol, elles n'en sont pas capables. Il faut donc que les Rhizobiacées puissent reconnaître les racines de Fabacées, car cette symbiose ne pourra se produire qu'avec les plantes de cette famille. D'où le rôle primordial de l'exsudation par ces racines de signaux moléculaires *ad hoc*.

D'autres composés tels que les strigolactones sont impliqués dans la signalétique souterraine. Ces hormones de croissance végétale, lorsqu'elles sont émises par les racines, ont la faculté d'induire la germination de spores de champignons mycorhiziens et la ramification de leurs hyphes dans la rhizosphère. La formation de cette symbiose mycorhizienne est l'apanage d'une grande majorité de plantes terrestres, et les scientifiques s'accordent à dire que cette symbiose est apparue très tôt dans l'évolution, il y a plus de 400 millions d'années, avant même l'apparition des premières plantes à graines. Cette signalétique sophistiquée mise en place entre les racines et les champignons ne date donc pas d'hier. Et nous allons voir qu'elle ne s'arrête pas à la seule émission par la plante de ces signaux sortants.

Des signaux parfois détournés

Le nom « strigolactone » vient de *Striga*, un genre regroupant des plantes parasites qui causent des dégâts importants à certaines céréales cultivées en milieu tropical comme le maïs, le mil, le riz ou le sorgho. Au cours de leur coévolution avec leurs plantes-hôtes, il semble que ces plantes parasites de la famille des Orobanchacées aient détourné la fonction première des strigolactones à leur propre avantage. Ce signal moléculaire émis par les racines des céréales induit la germination de graines de *Striga* qui se trouvent à proximité. Le même mécanisme intervient pour une espèce parasite proche mais tempérée : l'orobanche. Les exsudats racinaires peuvent donc parfois faire appel au mauvais destinataire. Une fois parasitées, les plantes seront fortement limitées dans leur propre croissance, car la plante parasite détournera une grande partie des composés photosynthétisés par la plante-hôte.

Gros plan sur une fleur de *Striga asiatica*, redoutable plante tropicale parasite des céréales (Madagascar).

Des signaux entrants

L'exsudation de signaux moléculaires en direction des microorganismes du sol s'apparenterait plutôt à un monologue racinaire si ces derniers n'étaient pas capables de répondre à leur tour ! Or l'instauration des deux symbioses racinaires évoquées précédemment repose sur un véritable dialogue moléculaire entre plante et microorganismes. Les bactéries de la famille des Rhizobiacées réagissent aux signaux émis par les Fabacées en émettant d'autres signaux moléculaires, appelés « facteurs Nod ». Il s'agit de petites molécules qui permettent aux Fabacées de reconnaître ces bactéries et de les autoriser à pénétrer dans la racine au niveau d'un poil racinaire, point de départ de la formation de la nodosité. C'est dans cet organe symbiotique que les Rhizobiacées parviennent à fixer le diazote de l'air grâce à une machinerie biochimique singulière, que nous détaillons plus loin dans la section « Les symbioses fixatrices d'azote ».

Tandis que certaines Fabacées sont en mesure de former des nodosités avec différentes espèces de bactéries de la famille des Rhizobiacées, d'autres présentent une grande spécificité, ne formant des nodosités qu'avec un nombre limité d'espèces bactériennes, *Bradyrhizobium japonicum* uniquement pour le soja, par exemple. C'est pourquoi, lorsque le soja (dont le bassin d'origine est l'Asie orientale) a été introduit dans d'autres régions du monde, il s'est avéré incapable de fixer le diazote, du fait de l'absence dans ces sols de sa bactérie fétiche. Le problème a été résolu en apportant *B. japonicum* sous la forme d'un inoculum présent en enrobage sur les graines de soja. Cette spécificité est le fruit d'une coévolution du soja et de cette espèce de Rhizobiacée.

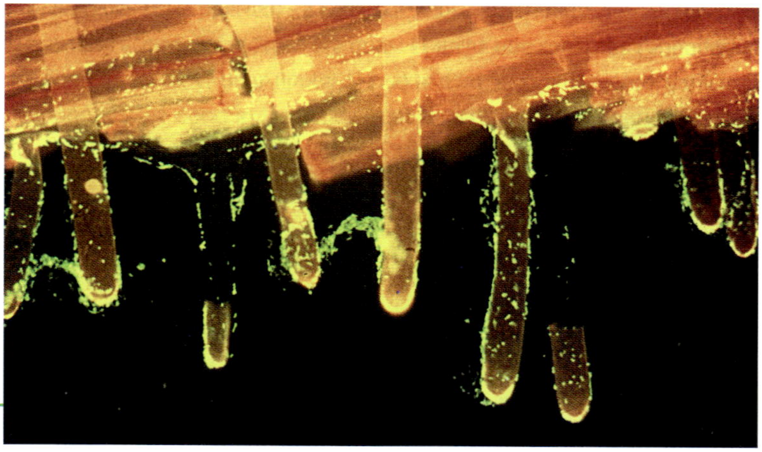

Attraction de *Bradyrhizobium japonicum* (fluorescence verdâtre) par les poils racinaires de soja.

De la même manière, les champignons mycorhiziens, en vue d'être reconnus par leur hôte végétal, envoient des signaux moléculaires qualifiés de « facteurs Myc ». Dans certains cas, la gamme des hôtes est très large, tandis que pour d'autres, elle ne concerne qu'un nombre limité d'espèces végétales, voire une seule. C'est ce qui fait que certains champignons ectomycorhiziens dont les fructifications sont particulièrement appréciées, telles que le cèpe ou la truffe, ne s'associent pas avec toutes les essences d'arbres, mais seulement avec un nombre limité d'entre elles. Inutile de chercher des truffes au pied des épicéas ou des mélèzes. En revanche, au pied de chênes ou de noisetiers, vos chances augmentent sensiblement !

Un microbiote sélectionné avec soin

À travers l'exsudation racinaire, ce savant cocktail de composés riches en carbone, en azote, en phosphore et en divers signaux moléculaires, les racines des plantes d'espèces et même de variétés différentes sélectionnent au sein des communautés microbiennes du sol un microbiote rhizosphérique qui leur est propre. À tel point que l'on parle de recrutement ! Tout cela s'apparente à ce que l'on commence à comprendre aujourd'hui du microbiote humain, dont on sait la place fondamentale dans notre nutrition, notre santé, voire notre bien-être et notre intellect.

Attraction fatale : pour le meilleur et pour le pire

Le pouvoir d'attraction qu'exercent les racines avec des exsudats tels que les flavonoïdes, les bétaïnes et autres strigolactones est particulièrement efficace, comme l'illustre l'abondance des communautés rhizobiennes et mycorhiziennes dans la rhizosphère des Fabacées. Mais il peut aussi être fatal pour la plante. En effet, de nombreuses autres espèces de bactéries ou de champignons du sol peuvent être attirées par les exsudats racinaires. Certaines ont même développé des capacités à tromper la plante et à contourner les subtils dialogues moléculaires mis en place pour autoriser l'entrée dans ses racines de ses microsymbiotes favoris.

Une fois parvenus à l'intérieur de la plante, ces microorganismes malintentionnés peuvent y proliférer, détruire des tissus ou les vaisseaux conducteurs de sève des racines, causant des maladies qui peuvent même aboutir à la mort de la plante. Mais celle-ci a plus d'un tour dans son sac pour préserver son immunité. Et le microbiote qu'elle recrute peut largement y contribuer. La maladie du piétin-échaudage du blé en est un

Dégâts (nécrose racinaire) de piétin chez le blé, visibles à la coloration noire des racines.

exemple célèbre. Elle peut compromettre la récolte dans les sols infestés par le champignon qui en est responsable, *Gaeumannomyces graminis* var. *tritici (Ggt)*. De nombreux travaux de recherche ont montré que dans certains sols où ce champignon est abondant, la monoculture du blé peut conduire progressivement, année après année, à un déclin de la maladie. C'est paradoxal à première vue, car la rotation des cultures a de tout temps été pratiquée pour éviter au contraire une amplification des maladies : passer d'une espèce cultivée à une autre, l'année suivante, permet le plus souvent de limiter le développement de populations de microorganismes pathogènes dans le sol.

Les scientifiques étaient donc confrontés à une véritable énigme dans le cas de la monoculture du blé, qui montrait exactement l'inverse : la régression progressive des populations du champignon responsable du piétin dans le sol, et ainsi, des symptômes de la maladie sur le blé. Ils ont constaté qu'au fil des années, le microbiote du sol interférait sur l'expression de la maladie, avec en particulier l'augmentation des communautés de bactéries *Pseudomonas* dans le sol, conséquence de leur recrutement au sein de la rhizosphère du blé. Or nombre de ces bactéries produisent des antibiotiques très efficaces pour affaiblir la population de *Ggt* du sol et réduire la nuisibilité de ce pathogène pour la culture.

Une course à l'armement autour des racines

Il existe de multiples autres exemples d'antagonismes microbiens impliqués dans la régulation de la santé des plantes. Les bactéries ou les champignons pathogènes parviennent tôt ou tard à déjouer les mécanismes de résistance déployés par les racines elles-mêmes ou *via* des microorganismes de la rhizosphère. Mais ceux-ci peuvent à leur tour sélectionner de nouvelles « armes » plus efficaces et déjouer les nouveaux plans d'attaque des pathogènes.
Ces antagonismes microbiens au sein du microbiote des racines présentent donc de nombreuses similitudes avec la quête de l'immunité au sein du microbiote des animaux et des humains. La vie souterraine des végétaux n'est décidément pas un long fleuve tranquille !

Le « système digestif » des plantes

Le parallèle avec le microbiote humain ne s'arrête pas aux questions d'immunité. Les spécialistes de la rhizosphère ont souvent décrit le système racinaire comme un système digestif inversé, s'appuyant largement sur le microbiote qu'il recrute pour couvrir les besoins nutritionnels de la plante, à l'instar de notre fameux microbiote intestinal. Le parallèle peut être fait également sur un plan anatomique, les poils racinaires pouvant être assimilés – c'est le cas de le dire – aux villosités de l'épithélium intestinal, où se jouent beaucoup de processus d'absorption des nutriments ; dans les deux cas, ces structures permettent d'augmenter la surface d'échange entre la partie interne (les assises cellulaires de la racine ou de l'intestin) et l'environnement externe (la rhizosphère ou l'intérieur du tube digestif).

Mais tout n'est pas si simple et pas qu'une question d'absorption ! En effet, dans le sol, l'eau et les nutriments nécessaires à la croissance végétale sont souvent présents en abondance, mais sous des formes qui ne peuvent être assimilées directement par les racines. Ainsi, l'azote, présent dans le sol principalement sous des formes organiques, est contenu dans toute une panoplie de molécules plus ou moins complexes issues du vivant au sein des débris végétaux ou microbiens et des cadavres ou des déjections des animaux. La plupart des plantes ne peuvent absorber que les formes minérales de l'azote dans la rhizosphère : les ions ammonium et nitrate. Ceux-ci sont les produits finaux de la minéralisation des matières organiques du sol sous l'action des microorganismes décomposeurs : les champignons, mais aussi des bactéries et des archées, qui déploient tout un cortège de processus enzymatiques impliqués aux différentes étapes de décomposition des matières organiques contenant de l'azote.

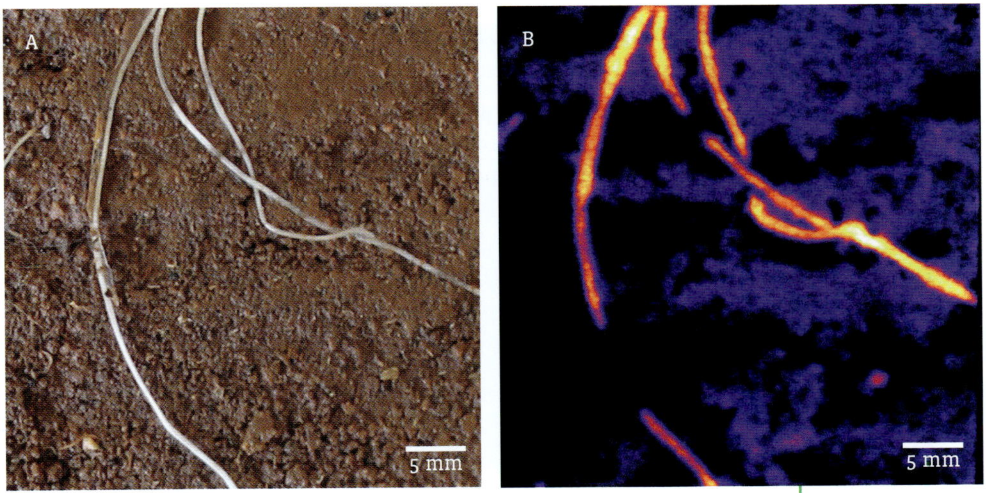

Abondance d'enzymes phosphatases dans la rhizosphère du blé (maximale dans les tons blanc-jaune et intermédiaire dans les tons rose-rouge, sur l'image B).

Il en va de même pour d'autres nutriments entrant dans la composition de ces molécules organiques issues du vivant, comme c'est typiquement le cas du phosphore. Une grande partie du phosphore du sol est également présente sous des formes minérales qui ne sont pas directement utilisables par les racines. Les ions phosphates ont en effet tendance à réagir avec d'autres ions, en particulier le calcium, pour former tout un cortège de minéraux : les phosphates de calcium. Pour que le phosphate contenu dans ces minéraux devienne accessible aux cellules racinaires, il faut au préalable une dissolution de ces minéraux phosphatés. Or de nombreux microorganismes du sol ont la capacité de dissoudre ces minéraux, y compris les moins solubles comme les apatites. Au même titre que le microbiote intestinal contribue à rendre assimilables les nutriments contenus dans nos aliments, le microbiote rhizosphérique joue donc un rôle primordial dans la nutrition des plantes.

La vie par délégation

Les végétaux, comme les animaux, dont les humains, sont des holobiontes, en ce sens que nombre de leurs fonctions vitales sont confiées à leur microbiote : une vie par délégation en quelque sorte ! Ou la vie en symbiose, dans le sens premier du terme. En effet, comme l'a bien souligné la grande microbiologiste américaine Lynn Margulis, le terme « symbiose », de racine grecque, signifie littéralement « vivre ensemble ». Il convient donc très bien pour qualifier les multiples interactions entre microbiote et êtres vivants supérieurs au sein des holobiontes. Ils sont le fruit d'une longue coévolution et le signe qu'ils sont plus performants ensemble que séparément. Dans le cas des plantes, elles tirent plus d'avantages que d'inconvénients de leur vie en symbiose avec leur microbiote rhizosphérique. En voici quelques exemples.

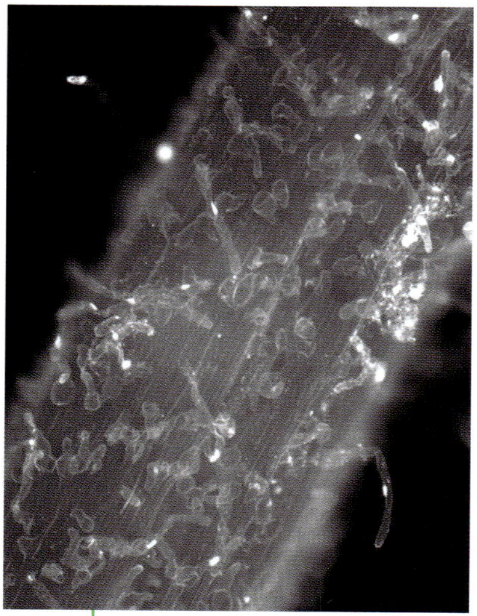

Sur cette photo en microscopie à fluorescence, une constellation de colonies bactériennes apparaissent (en blanc) autour d'une racine de haricot (diamètre de 0,5 mm) et de ses poils racinaires, qui se distinguent ici en gris clair.

La synthèse de protéines telles que les enzymes sécrétées dans la rhizosphère représente assurément un coût important pour la plante. Beaucoup pensent qu'il peut être, écologiquement – et économiquement – parlant, plus intéressant de déléguer cette fonction de production d'enzymes à des microorganismes de la rhizosphère, stimulés à moindre coût, avec des exsudats racinaires simples. Cela a été démontré par exemple dans le cas de la production de certaines enzymes de la famille des phosphatases, impliquées dans la minéralisation de formes organiques de phosphore. Beaucoup de ces enzymes sont des macromolécules peu mobiles dans le sol, du fait de leur taille et surtout de leur capacité à s'adsorber fortement aux particules argileuses du sol. Les phosphatases produites par les racines et sécrétées dans la rhizosphère ont un rayon d'action très limité dans le sol, au voisinage immédiat des racines. Quand, au contraire, la plante exsude des molécules telles que des sucres simples, qui sont beaucoup plus mobiles dans le sol, elle va ainsi stimuler les communautés microbiennes à plus grande distance de la surface de ses racines ; les phosphatases produites par ces microorganismes vont alors permettre de minéraliser du phosphore organique sur un bien plus grand volume de sol dans la rhizosphère. Une délégation de moyens fort efficace, en l'occurrence.

Il existe de nombreux autres exemples de ce type, qui ne concernent pas que l'acquisition de ressources. Nombre d'entre eux appartiennent plutôt au registre de l'immunité de la plante. La délégation de moyens sous-entend aussi le plus souvent un échange de bons procédés : contre service rendu par son microbiote, la plante fournit en général le gîte et le couvert ; l'habitat singulier que constitue la rhizosphère est source d'une précieuse manne pour les microorganismes : les rhizodépôts, qui apportent de l'énergie, *via* le carbone, et d'autres nutriments indispensables comme l'azote et le phosphore. L'échange de bons procédés est même poussé encore plus loin dans le cas des symbioses mutualistes.

Les symbioses mycorhiziennes

L'association intime de racines avec les champignons mycorhiziens aboutit à la formation d'organes symbiotiques, les mycorhizes, qui sont le lieu des échanges entre les deux partenaires de cette symbiose. Il en existe de différents types. Deux d'entre elles concernent un grand nombre d'espèces végétales, les endomycorhizes à arbuscules et les ectomycorhizes. D'autres impliquent des familles de plantes plus spécifiques : les mycorhizes éricoïdes des Éricacées (bruyère et myrtille, par exemple), qui se forment en association avec des champignons Ascomycètes (comme les pézizes), ou les mycorhizes orchidoïdes des Orchidacées, formées avec des champignons Basidiomycètes dont nous verrons quelques-unes de leurs fantaisies.

Elles s'apparentent toutes deux à des endomycorhizes, l'organe symbiotique se formant à l'intérieur des racines. Enfin, il existe aussi des ectendomycorhizes, comme les mycorhizes arbustoïdes de l'arbousier lorsqu'il s'associe à des Basidiomycètes tels que les bolets et les laccaires, dont certains sont des champignons comestibles appréciés.

LE SAVIEZ-VOUS ?

Le botaniste allemand Albert Bernhard Frank s'était vu confier des recherches pour la promotion de la trufficulture en Prusse. À force d'observer très finement la morphologie et l'anatomie des racines de différentes essences d'arbres, il a créé en 1885 le terme de mycorhize (du grec ancien *múkēs*, « champignon », et *rhíza*, « racine ») pour désigner cette structure qui n'est ni une racine ni un champignon, mais un organe formé de l'association de ces deux organismes.

Ectomycorhizes sur une jeune plantule de chêne vert poussant dans la garrigue.

Les endomycorhizes à arbuscules

C'est la symbiose mycorhizienne la plus répandue : elle concerne plus de 80 % des Angiospermes actuelles, ou plantes à fleurs, et s'avère, de loin, la plus ancienne (estimée à plus de 400 millions d'années). Elle est apparue dès les premiers stades de la colonisation des continents par les végétaux, et aurait même joué un rôle capital pour la permettre. Les plantes ne disposaient pas encore de racines, mais d'organes apparentés, comme les rhizoïdes des Bryophytes (mousses). Des structures caractéristiques de cette symbiose ont été observées dans le célèbre gisement fossile de Rhynie, en Écosse, daté du Dévonien inférieur. Il s'agit de fossiles remarquablement préservés de végétaux primitifs aux caractéristiques proches des plantes vasculaires, sans toutefois en faire partie : *Aglaophyton major* et *Rhynia gwynne-vaughanii*.

Les champignons impliqués dans cette symbiose sont les Gloméromycètes, qui ont la particularité d'être des symbiotes obligatoires, c'est-à-dire qu'ils dépendent de la plante pour l'acquisition de molécules carbonées ; ils n'ont d'autre choix que de réaliser cette association symbiotique pour accomplir leur cycle de vie ! L'organe symbiotique constitué est qualifié d'endomycorhize, puisqu'il se développe dans les racines : après le dialogue moléculaire qui permet la reconnaissance mutuelle, les hyphes du champignon pénètrent l'épiderme puis les assises cellulaires du cortex. Autre caractéristique qui leur vaut leur dénomination : le champignon produit à l'intérieur des cellules corticales des ramifications en forme d'arbuste : les arbuscules. Cette partie de l'organe symbiotique donne l'illusion d'avoir pénétré les cellules, alors qu'en réalité l'arbuscule s'invagine à l'intérieur des cellules du cortex racinaire en repoussant autour de lui la membrane plasmique. Cette structure remplit une fonction majeure, car c'est le lieu des échanges entre les deux partenaires de cette symbiose, les ramifications de l'arbuscule permettant de maximiser les flux échangés : flux de carbone, des sucres notamment, de la plante-hôte vers le champignon mycorhizien, et flux d'eau et de nutriments du champignon vers la plante.

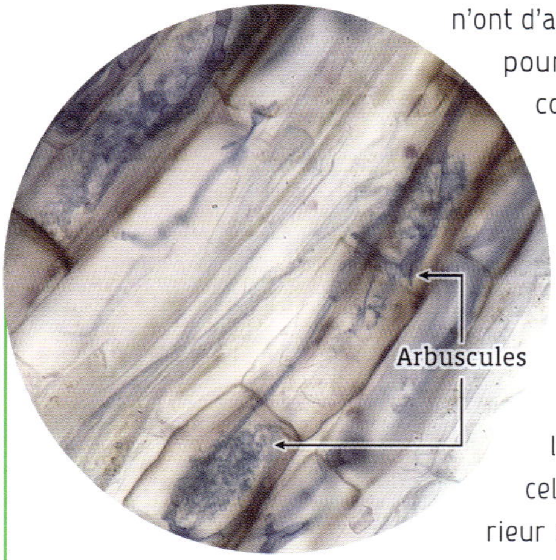

Arbuscules dans les cellules corticales (longues d'environ 100 µm) d'une racine de blé dur.

Ces ressources peuvent être prélevées à plusieurs centimètres du rhizoderme par le réseau des hyphes mycorhiziennes extraracinaires, dont la fonction est d'aider la plante à prospecter un plus grand volume de sol.

C'est crucial pour les nutriments très peu mobiles dans le sol comme le phosphore, le cuivre ou le zinc. Les champignons mycorhiziens à arbuscules ne sont pas tous aussi efficaces dans leur aptitude à prospecter le sol loin de la surface des racines. Un des champions, *Rhizophagus irregularis*, déploie ses hyphes sur une dizaine de centimètres en dehors des racines. Le nom de genre de ce champignon, *Rhizophagus*, signifie « mangeur de racines ». Il remonte aux premières observations de filaments mycéliens de champignon à l'intérieur de racines qui laissaient entendre aux scientifiques de la fin du XIXe siècle que ces champignons consommaient la plante-hôte de l'intérieur. Il n'en est rien !

LE SAVIEZ-VOUS ?

Les Trachéophytes, premiers végétaux vasculaires, c'est-à-dire présentant des racines et des vaisseaux conducteurs de sève brute et élaborée, datent du début du Dévonien, il y a environ 400 millions d'années. Ils regroupent les Lycophytes (dont les lycopodes), les Ptéridophytes (fougères) et les Gymnospermes (conifères). Ce n'est que beaucoup plus tard que sont apparues les plantes à fleurs, ou Angiospermes : au Jurassique, c'est-à-dire à l'époque des grands dinosaures, il y a environ 140 millions d'années. Les Angiospermes se sont ensuite considérablement diversifiées, et représentent aujourd'hui l'immense majorité de la flore terrestre avec 319 000 espèces végétales répertoriées.

Ces champignons endomycorhiziens à arbuscules, au cours de leur coévolution avec les plantes, ont mis en place des stratégies pour devenir incontournables. Quand cette symbiose s'établit, le champignon désactive les transporteurs de phosphore des cellules racinaires et stimule l'activité d'autres transporteurs impliqués dans l'absorption du phosphore que le champignon a prélevé dans le sol. Il force ainsi quelque peu son hôte à avoir recours à ses services.

Abondance des arbuscules dans une racine (diamètre de 0,3 mm) de tomate inoculée avec *Rhizophagus irregularis* qui montre le coût carbone élevé de la fabrication des structures symbiotiques. En contrepartie, les hyphes permettent de prospecter un volume de sol bien plus important que les poils racinaires chez cette espèce.

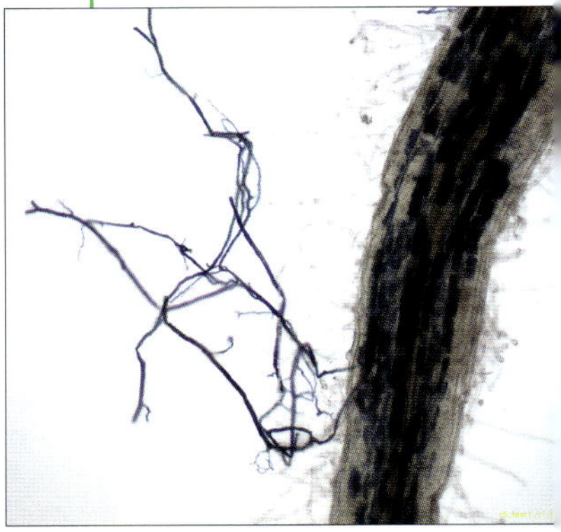

Pour beaucoup d'espèces végétales, ces services sont fort utiles pour couvrir leurs besoins en nutriments, notamment dans des sols peu fertiles. C'est particulièrement le cas de plantes dont le système racinaire est rudimentaire, peu ramifié ou présentant peu de poils racinaires. De telles espèces végétales sont qualifiées de fortement dépendantes : des droguées de la symbiose endomycorhizienne, bien qu'il ne s'agisse pas de champignons hallucinogènes ! À l'inverse, d'autres espèces dont le système racinaire est densément ramifié et dispose de poils racinaires bien développés sont peu dépendantes des mycorhizes à arbuscules pour couvrir leurs besoins en phosphore ou autres nutriments peu mobiles : c'est typiquement le cas de la plupart des Poacées. Chez de telles espèces, cette symbiose peut même tourner en véritable fardeau, lorsque le coût en carbone de l'association avec le champignon dépasse le gain de nutrition en retour : la relation symbiotique s'apparente alors plus à du parasitisme qu'à du mutualisme.

Des variations importantes existent aussi du fait des espèces fongiques qui prennent part à l'association : certains de ces champignons endomycorhiziens à arbuscules ont ainsi une réputation de tricheurs, lorsqu'ils ne jouent pas le jeu de la réciprocité des échanges. C'est peut-être ce qui a conduit certaines familles ou espèces végétales à se débarrasser de cette symbiose au cours de l'évolution ; au total, un peu moins de 20 % des Angiospermes ont évolué de la sorte : de très grandes familles comme les Amaranthacées, les Brassicacées et les Cypéracées, ainsi que les Polygonacées et les Protéacées, ne forment pas de mycorhizes, à quelques exceptions près. Inversement, parmi les Fabacées, qui sont souvent très dépendantes de cette symbiose, il existe de rares espèces non mycorhiziennes parmi les lupins, en particulier le lupin blanc.

Inflorescences d'une Protéacée (*Banksia blechnifolia*) adaptée, grâce à ses racines protéoïdes et malgré l'absence de mycorhizes, aux sols très pauvres en phosphore du bush d'Australie occidentale.

Nous avons vu que, chez certaines de ces espèces ou familles, il existait des racines spécialisées très efficaces pour l'acquisition du phosphore, à la fois par leur architecture et par leur capacité d'exsudation : Protéacées et Cypéracées parviennent ainsi à pousser avec succès en se passant totalement de mycorhizes dans les sols les moins fertiles de la planète. C'est aussi le cas du lupin blanc et de Polygonacées comme le sarrasin : cette espèce cultivée est particulièrement rustique et adaptée aux sols pauvres en phosphore, en lien avec la forte exsudation d'acide oxalique par ses racines. Pour d'autres espèces au contraire, notamment chez les Amaranthacées (une famille qui inclut désormais les amaranthes et les anciennes Chénopodiacées comme les betteraves, les épinards ou les chénopodes) ou les Brassicacées (choux, colza et moutardes), l'absence de symbiose mycorhizienne pourrait être liée au fait qu'elles se soient plutôt adaptées, au cours de l'évolution, aux sols les plus fertiles.

Du laboratoire au monde réel, encore tant de choses à découvrir

La symbiose endomycorhizienne à arbuscules a été très abondamment étudiée depuis sa découverte à la fin du XIXe siècle. Toutefois, nos connaissances sont encore parcellaires aujourd'hui. En effet, la majorité des recherches est conduite en laboratoire, dans des conditions assez éloignées de la réalité : ainsi, très souvent, les études sont réalisées sur sol stérilisé et réinoculé avec le champignon mycorhizien qui fait l'objet des recherches. De tels travaux ont permis d'approfondir considérablement nos connaissances des mécanismes intimes de fonctionnement de cette symbiose, comme la communication entre le champignon et la plante-hôte ou les processus de transport impliqués dans les échanges de carbone et de phosphore. Mais, dans le monde réel, il s'avère qu'une même plante, voire une même racine peut être colonisée par plusieurs espèces de champignons mycorhiziens simultanément, et ceux-ci peuvent aussi faire appel à un microbiote bactérien à la surface de leurs hyphes pour accéder à des formes peu disponibles de nutriments dans le sol : de telles interactions complexes ont à ce jour été très peu étudiées, alors qu'elles constituent le quotidien des plantes.

Pour ajouter encore une petite touche de complexité supplémentaire à cette symbiose, il est important de souligner que les réseaux d'hyphes mycorhiziennes qui prospectent le sol autour des racines permettent des interconnexions entre plantes voisines, qu'elles soient d'une même espèce ou d'espèces différentes. Ces réseaux mycorhiziens partagés semblent faciliter des échanges de matières entre les plantes interconnectées : cela a été démontré, outre pour des molécules carbonées et des signaux moléculaires variés, pour des nutriments tels que l'azote ou le phosphore. Ils constitueraient de véritables autoroutes souterraines de l'information dont on commence à peine à comprendre l'importance écologique.

De même, de plus en plus de recherches pointent le rôle important que peut jouer cette symbiose mycorhizienne, longtemps étudiée uniquement pour ses effets sur la nutrition des plantes, en matière d'immunité végétale : la présence de champignons mycorhiziens à arbuscules peut ainsi prémunir la plante de l'invasion par des champignons pathogènes. Une alternative intéressante à l'utilisation à outrance de fongicides en agriculture !

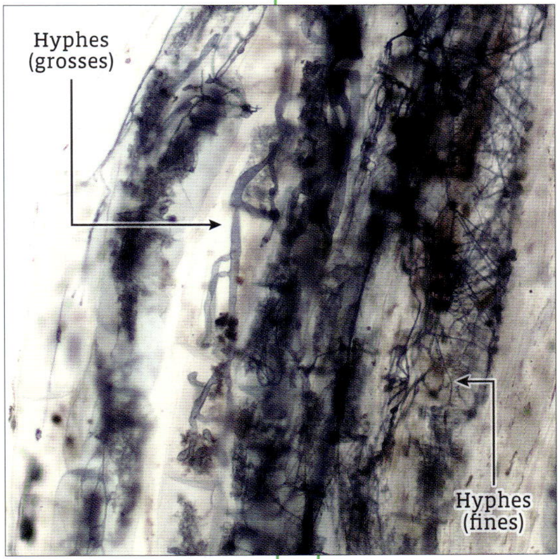

Abondance des structures endomycorhiziennes formées par deux espèces de champignons (se distinguant par la section de leurs hyphes, les plus grosses ayant un diamètre de 10 µm) dans une même racine de blé tendre.

Les ectomycorhizes des arbres

Ce deuxième grand type de mycorhizes est apparu beaucoup plus récemment et à plusieurs reprises dans l'évolution, vraisemblablement entre le Jurassique et le Crétacé, tandis que le plus ancien fossile intact d'ectomycorhize date de 50 millions d'années seulement. À la différence du cas précédent, l'organe symbiotique se forme ici à l'extérieur de la racine, d'où son nom. L'ectomycorhize est assez distinctive par sa forme et ses couleurs, y compris à l'œil nu, alors qu'un microscope est nécessaire pour observer les structures arbusculaires.

Fine dentelle des apex ectomycorhiziens d'une racine de pin.

Les ectomycorhizes se forment à l'apex des racines, les hyphes du champignon constituant un manchon quasi continu et inhibant la croissance en longueur de la racine, en lui conférant parfois des formes singulières (ramification en Y fréquemment) absentes des racines non mycorhizées. Sur ces courtes racines ectomycorhizées, ce sont clairement les hyphes du champignon qui assurent une grande part de l'absorption de l'eau et des nutriments dans le sol, pas le choix ! Ces ressources nécessaires sont fournies à la plante par une structure d'échange très ramifiée, le réseau de Hartig : une partie des hyphes du champignon ectomycorhizien colonise en effet les espaces intercellulaires au sein du cortex racinaire, et c'est à ce niveau qu'ont lieu les échanges entre les deux partenaires de la symbiose. Le champignon y puise notamment les ressources carbonées produites par la plante *via* la photosynthèse.

Laccaire améthyste dans une hêtraie.

La symbiose ectomycorhizienne concerne une proportion limitée d'espèces végétales, en majorité des espèces ligneuses, arbustes ou arbres, soit environ 2 % des plantes à graines, Angiospermes (Bétulacées, Fagacées et Myrtacées) et Gymnospermes (Pinacées notamment). En revanche, du côté du partenaire fongique, la diversité des espèces ectomycorhiziennes est bien supérieure à celle des espèces endomycorhiziennes à arbuscules (Gloméromycètes). Il s'agit principalement d'Ascomycètes et de Basidiomycètes dont de nombreuses espèces nous sont familières par leurs fructifications : truffes chez les Ascomycètes, et bolets ou cèpes, lactaires et laccaires ainsi qu'amanites et russules chez les Basidiomycètes. Il existe parfois une spécificité d'hôte facilitant le travail du ramasseur de champignons : par exemple, le lactaire délicieux est inféodé aux pins, alors que le cèpe de Bordeaux peut s'associer aux hêtres, à divers chênes, au châtaignier et à des conifères tels que le sapin blanc et le Douglas. Un même arbre peut à l'inverse s'associer avec un nombre considérable de partenaires fongiques, jusqu'à près de 400 espèces de champignons mycorhiziens !

Ectomycorhizes de pin maritime. Les apex ectomycorhiziens ont des formes et des couleurs inhabituelles pour des racines.

Une différence majeure entre champignons ecto- et endomycorhiziens à arbuscules tient au caractère non obligatoire de la symbiose pour les « ecto ». Ceux-ci ont en effet la capacité d'utiliser des matières organiques du sol comme source de carbone, d'azote et de phosphore, à l'instar de nombreux champignons non symbiotiques du sol : les champignons saprotrophes. Ils peuvent ainsi accomplir une partie significative de leur cycle de vie indépendamment de toute plante-hôte, au contraire des champignons mycorhiziens à arbuscules. Si le carbone ainsi mobilisé bénéficie avant tout au partenaire fongique, le partenaire végétal de la symbiose tire pleinement parti des capacités particulières des champignons ectomycorhiziens à rendre disponibles des formes d'azote ou de phosphore qui ne sont pas directement utilisables par les racines. Pas étonnant que ces ectomycorhizes soient particulièrement abondantes au pied des arbres de nos forêts, où une grande partie de ces nutriments est immobilisée dans les débris organiques qui composent la litière et l'humus.

Ces champignons, en inhibant l'élongation des apex racinaires d'une part, et en donnant accès à des formes peu disponibles d'azote et de phosphore d'autre part, savent donc se rendre particulièrement indispensables pour assurer la nutrition et la croissance des arbres ou arbustes dont ils ont colonisé les racines : une forme d'esclavage bien intentionné, cette symbiose ectomycorhizienne. Sans exclusivité, puisqu'une même plante peut s'associer à un très grand nombre d'espèces ectomycorhiziennes. Beaucoup de champignons ectomycorhiziens ont en outre la faculté de mobiliser des nutriments contenus dans des minéraux du sol ou des roches en les altérant : des éléments tels que phosphore, potassium, fer, calcium ou magnésium peuvent être ainsi dissous et devenir disponibles pour la plante-hôte.

Truffe noire de Bourgogne, avec la mouche qui permet de la repérer, à défaut d'avoir un chien.

Ces capacités n'existent pas chez les champignons mycorhiziens à arbuscules : toutes les symbioses mycorhiziennes ne se valent donc pas. À ce titre, il est important de préciser que la diversité des espèces ectomycorhiziennes est telle que toutes n'ont pas les mêmes aptitudes à mobiliser les ressources organiques et minérales du sol. D'où l'importance pour la plante-hôte de bien choisir son partenaire fongique ou, mieux, d'en choisir plusieurs ! La connaissance des mécanismes du dialogue mutuel qui précède la formation de la symbiose ectomycorhizienne est bien moins poussée que dans le cas des champignons mycorhiziens à arbuscules ; cette symbiose, apparue plus récemment dans l'histoire évolutive des plantes, est donc encore loin d'avoir livré tous ses secrets.

MHB, une belle équipe de champions en tout genre

Le Montpellier Hand Ball a produit de nombreux champions qui ont fait le succès de cette équipe et de l'équipe de France pendant de nombreuses années. Pour les spécialistes des mycorhizes, le MHB représente tout autre chose qu'une poignée de grands gaillards qui courent après une petite balle ! Les MHB sont en réalité des milliers, et comptent de nombreuses championnes dans leurs catégories. Il s'agit des *Mycorrhiza Helper Bacteria*, « bactéries qui aident les mycorhizes », constituant le microbiote des champignons ectomycorhiziens.

Ectomycorhize de pin.

En effet, ces champignons, à l'instar des racines qu'ils colonisent, libèrent au niveau de leurs hyphes des substances carbonées qui stimulent et sélectionnent un microbiote propre à leur hyphosphère. Il a été montré que certaines de ces bactéries contribuent significativement, par les acides ou les enzymes qu'elles produisent, à l'altération des minéraux ou à la minéralisation des matières organiques du sol, au bénéfice de la nutrition du champignon et de la plante, *via* la symbiose. Une symbiose multipartite, en l'occurrence, un beau travail d'équipe ! De telles MHB interviennent aussi à l'appui du fonctionnement des endomycorhizes à arbuscules, et sans doute de tous les autres types de mycorhizes. Elles ont de nombreuses cordes à leur arc, intervenant non seulement sur la nutrition, mais aussi sur l'immunité de la plante-hôte de bien des manières.

Les fantaisies symbiotiques des Orchidacées

Les Orchidacées constituent une famille de plantes parmi les plus évoluées et diversifiées, avec 28 000 espèces connues ! La symbiose endomycorhizienne qu'elles forment avec des champignons présente bien des singularités par rapport aux précédentes. D'abord, cette symbiose est absolument vitale pour la plante, dès son plus jeune stade de développement. Les Orchidacées ont la particularité de produire en énorme quantité des graines de très petite taille qui sont dépourvues de réserves et ne peuvent assurer, à elles seules, la fourniture des ressources en carbone et autres éléments nutritifs pour former la plantule. C'est la symbiose orchidoïde qui assure ce rôle.

Une graine d'Orchidacée doit donc être rapidement associée à un partenaire fongique qui la suppléera pour permettre sa germination et son développement initial. La formation du protocorme, qui précède l'apparition des premières feuilles et racines, a lieu grâce à des champignons de la famille des Basidiomycètes, tels que cortinaires et russules : ce sont des symbiotes obligatoires pour ces plantes. Et cela ne s'arrête pas là : la plupart des Orchidacées se caractérisent par un système racinaire grossier et très peu ramifié, tant pour les nombreuses espèces épiphytes que pour celles qui poussent dans le sol. Leur nutrition hydrominérale est donc très largement le fait de leur partenaire symbiotique tout au long du cycle de vie de la plante.

Néottie nid d'oiseau dans la hêtraie de la Sainte-Baume (Var).

Une autre « fantaisie » a été identifiée chez des Orchidacées non photosynthétiques, comme la néottie nid d'oiseau. Cette espèce, dénommée ainsi à cause de ses racines grossières entremêlées à la manière d'un nid d'oiseau, avait révélé dès le milieu du XIXe siècle la présence abondante de champignons formant des pelotons dans le cortex racinaire. Cette Orchidacée pallie son incapacité à effectuer la photosynthèse en obtenant le carbone des arbres voisins du sous-bois où elle est présente. C'est par l'intermédiaire des réseaux mycorhiziens, qu'elle partage avec ces espèces ligneuses photosynthétiques, qu'elle accomplit cette forme particulière de parasitisme, la mycohétérotrophie, démontrant l'inventivité du monde vivant en matière de relations sociales.

Un mécanisme analogue a été mis en évidence chez une autre famille de plantes qui compte des espèces non photosynthétiques susceptibles de s'associer, *via* des champignons Ascomycètes ou Basidiomycètes, à des arbres ou arbustes voisins : les Éricacées, qui rassemblent bruyères, callunes et myrtilles, forment des endomycorhizes éricoïdes en pelotons ayant de nombreux traits communs avec celles des Orchidacées. Environ 190 espèces de cette famille et une soixantaine d'Éricacées sont dépourvues de chlorophylle et font appel à la mycohétérotrophie. Parmi elles, le monotrope sucepin (*Monotropa hypopitys*) en dit long sur ses habitudes alimentaires.

Orchis, la séductrice qui cache bien son jeu

Orchis mascula… au nom évocateur.

Qui n'a pas été séduit par la diversité et la beauté des fleurs des Orchidacées ? Un des nombreux genres (et il n'est pas ici question de masculin, féminin ou autre, quoique…) — plus de 700 — que compte cette grande famille est le genre *Orchis*, qui a donné son nom à la famille. Ce nom dérivé du grec signifie… « testicule » ! Sacrés botanistes, quelle imagination débordante pour affubler les plantes de toutes sortes de noms, quand ils ne sont pas inspirés du lieu de leur découverte ou du nom d'un de leurs collègues favoris !
Dans le cas de ces Orchidacées, la raison en est tout autre, purement morphologique et bien cachée, sous terre !
Ces plantes présentent en effet une paire de racines tubéreuses qui peuvent faire penser, avec l'imagination d'un botaniste, à des testicules. L'une d'entre elles sert d'organe de réserve en période hivernale et se vide progressivement, puis l'autre prend le relais pour assurer la croissance printanière de la nouvelle partie aérienne, dotée de sa magnifique inflorescence colorée. Outre les *Orchis*, les orchidées du genre *Ophrys*, célèbres pour leur capacité mimétique vis-à-vis de leurs pollinisateurs, sont également affublées de cette paire d'organes bien cachés.

Les symbioses fixatrices d'azote

À la différence de tous les autres éléments nécessaires à la vie sur notre planète, l'azote est quasi absent des roches qui composent la croûte terrestre. Pour autant, les acides aminés, qui forment les briques élémentaires à partir desquelles tous les êtres vivants synthétisent une multitude de protéines, sont constitués avant tout de carbone et de ce nutriment clé. Son principal réservoir sur Terre se trouve en fait dans notre atmosphère, où le diazote représente aujourd'hui 80 % de l'air que nous respirons. Seules certaines bactéries sont capables d'utiliser cette molécule très stable et de casser la triple liaison qui relie ses deux atomes d'azote afin de les intégrer dans des formes d'azote minérales, ammoniacales principalement (ammoniac et ammonium). C'est à partir de ces formes qu'elles peuvent, comme de nombreux autres organismes, élaborer des acides aminés, puis des protéines, ou des nucléotides qui sont les briques de base de l'ADN.

Les toutes premières de ces bactéries à avoir su réaliser cette prouesse chimique sont des cyanobactéries marines, qui ont ainsi changé la face de notre planète, outre le fait non négligeable qu'elles ont également été les pionnières de la photosynthèse. Ces cyanobactéries ont colonisé les milieux continentaux et les sols, et d'assez nombreuses autres espèces bactériennes ont progressivement acquis, au fil de l'évolution, cette capacité de fixation du diazote atmosphérique. Les humains ont dû attendre le début du XXe siècle pour parvenir à casser la liaison très stable du diazote à travers le procédé industriel Haber-Bosch, rendant possibles la synthèse de l'ammoniac et le développement de l'industrie des engrais azotés.

Beaucoup de ces bactéries fixatrices d'azote, qualifiées de « diazotrophes », vivent librement dans le sol et sont particulièrement abondantes dans la rhizosphère. Les plantes auxquelles elles s'associent bénéficient grâce à elles de cet apport d'azote ; il s'agit cependant d'une union libre, et pas d'une symbiose mutualiste. Les quantités d'azote fixées ainsi par ces bactéries ne permettent d'ailleurs pas de couvrir les besoins des plantes associées. En revanche, au cours de l'évolution, et selon des stratégies plus ou moins performantes, certaines familles de plantes ont su nouer des liens plus intimistes avec divers types de bactéries fixatrices d'azote, cette symbiose mutualiste parvenant alors à assurer l'essentiel de leurs exigences en azote, aussi élevées soient-elles. Ces symbioses fixatrices d'azote sont cruciales pour le fonctionnement des écosystèmes terrestres, constituant la principale voie d'entrée de l'azote dans la biosphère continentale.

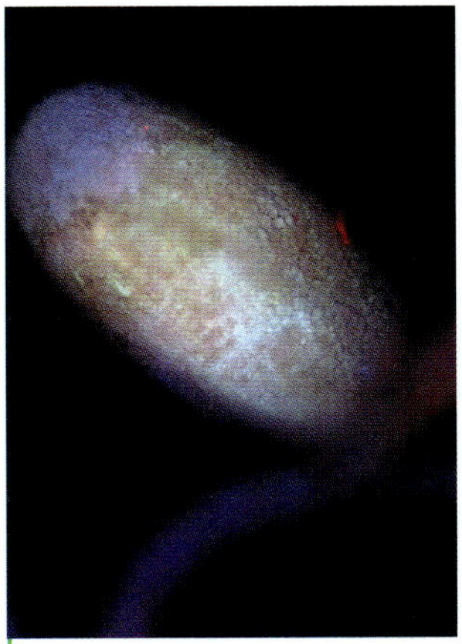

Nodosité d'une Fabacée (luzerne), où se produit la fixation du diazote de l'air *via* la symbiose avec les bactéries Rhizobiacées.

Les racines coralloïdes des Cycadacées

La première symbiose fixatrice d'azote apparue chez les végétaux terrestres a été formée par des cyanobactéries avec des Ptéridophytes telles que les lycopodes et les fougères et, parmi les plantes à graines, principalement avec des Gymnospermes assez primitives telles que les Cycadacées et les Zamiacées. Chez leurs descendantes actuelles, il est assez facile d'observer à l'œil nu, sous la surface du sol, l'existence de boursouflures allongées au niveau de leurs racines – celles-ci étaient qualifiées de racines coralloïdes parce que leur morphologie rappelle celle de certains coraux.

Racines coralloïdes de Cycas (Australie).

Ces organes symbiotiques abritent des cyanobactéries du genre *Nostoc*, connues pour s'associer aussi à des champignons pour former des lichens, ou à des végétaux non vasculaires comme les Bryophytes, dépourvues de racines, avec lesquelles elles vivent en symbiose.

Au sein des racines coralloïdes, ces cyanobactéries fixent le diazote grâce à l'activité d'une enzyme qu'elles produisent, la nitrogénase. C'est cette enzyme qui leur confère la faculté de rompre la liaison extrêmement stable entre les deux atomes d'azote de la molécule de diazote, pour assurer la nutrition de la plante-hôte à travers des composés ammoniacaux qu'elle peut assimiler. En échange, puisqu'il s'agit bien d'une symbiose mutualiste, les Cycadacées ou les Zamiacées fournissent du carbone sous forme de sucres pour les cyanobactéries hébergées dans les racines coralloïdes.

Les nodosités raffinées des Fabacées

On estime que, avant le XXe siècle, 110 milliards de tonnes d'azote résultaient annuellement de la fixation biologique du diazote dans les écosystèmes continentaux, dont la plus grande part en lien avec la symbiose Rhizobiacées-Fabacées. Ce processus constituait alors la principale voie d'entrée de l'azote dans la biosphère continentale. Avec le développement et l'intensification de l'agriculture mondiale, ce chiffre est passé à 145 milliards de tonnes au début du XXIe siècle, auquel il convient d'ajouter un flux de 100 milliards de tonnes d'azote apporté aux sols agricoles sous forme d'engrais azotés de synthèse.

Aujourd'hui, un enjeu important est de réduire l'usage de ces derniers, compte tenu de leurs impacts sur l'environnement : pollution des eaux souterraines par le nitrate et de l'atmosphère par l'ammoniac, mais aussi eutrophisation des eaux de surface conduisant aux marées vertes et, plus encore, émission d'oxyde nitreux, dont le pouvoir réchauffant de l'atmosphère est près de 300 fois supérieur au CO_2. Pour y parvenir, la nécessaire transition agroécologique des systèmes agricoles repose donc largement sur une plus grande diversification des cultures, en donnant une place accrue aux Fabacées : soja, arachide ou niébé en climat tropical, haricots, lentilles, lupins et pois pour les cultures en climat tempéré, et bien d'autres espèces encore, auxquelles il convient d'ajouter les nombreuses espèces fourragères (luzernes, trèfles, vesces, etc.) également utilisables comme plantes de service.

Nous avons vu que la symbiose fixatrice d'azote est le fruit d'un dialogue moléculaire complexe entre Rhizobiacées du sol et racines de Fabacées, permettant la pénétration de ces bactéries au niveau de poils racinaires et aboutissant à la constitution d'organes symbiotiques : les nodosités. Celles-ci peuvent prendre des formes très différentes. Chez des espèces comme le soja ou le haricot, les nodosités, à croissance déterminée, adoptent plutôt des formes arrondies, lisses ou irrégulières, et demeurent de petite taille (un à quelques millimètres). Chez d'autres espèces conservant un méristème actif, elles sont à croissance indéterminée et peuvent atteindre, voire dépasser le centimètre, avec des formes plus cylindriques comme chez les luzernes, voire ramifiées ou agglomérées comme chez le pois ou le pois chiche.

La nodosité est constituée de tissus du cortex racinaire entourant une microcolonie de bactéries qui s'y différencient en bactéroïdes, ceux-ci étant emballés d'une membrane d'origine végétale. Il faut souligner que les Rhizobiacées sont incapables de fixer le diazote lorsqu'elles vivent librement dans le sol. Ce n'est qu'après s'être différenciées en bactéroïdes à l'intérieur de la nodosité que les cellules bactériennes sont aptes à produire la nitrogénase, enzyme leur permettant de casser la triple liaison de la molécule de diazote. Cette réaction chimique nécessite beaucoup d'énergie, raison pour laquelle le procédé Haber-Bosch de synthèse industrielle d'engrais azoté à partir du diazote est si coûteux en énergie fossile et présente une empreinte environnementale considérable !

Nodosités à croissance indéterminée de pois chiche. Leur couleur rose est révélatrice de la présence de léghémoglobine et de leur capacité à fixer le diazote de l'air.

Mais revenons au cœur de notre nodosité, où la respiration est intense, en lien avec l'énergie nécessaire pour transformer la molécule de diazote en molécule d'ammoniac. Il faut donc paradoxalement beaucoup d'oxygène et très peu à la fois, c'est-à-dire un flux élevé nécessaire pour la respiration aérobie et une concentration faible pour permettre à la nitrogénase de catalyser la réaction. En effet, à la concentration normale d'oxygène de l'atmosphère, l'activité de la nitrogénase est totalement inhibée. Or les tissus de la nodosité modulent leur perméabilité aux gaz pour minimiser l'entrée non contrôlée d'oxygène depuis l'air ambiant. Par ailleurs, la plante y synthétise une protéine qui, à l'instar de l'hémoglobine dans notre sang, assure un transport très rapide et efficace de l'oxygène en maintenant sa concentration basse.

Cette protéine a été dénommée la « léghémoglobine », et c'est sa présence qui donne la couleur rosée aux nodosités des Fabacées lorsqu'elles sont fixatrices de diazote. Au sein de la remarquable petite usine biochimique qu'est cet organe symbiotique, des molécules carbonées, comme des sucres fournis par la racine, se combinent à l'ammoniac pour former des acides aminés. Ceux-ci sont ensuite utilisés comme source d'azote par la plante, et le tour est joué ! Les Fabacées peuvent fixer des quantités de diazote atteignant jusqu'à 300 kg d'azote par hectare et par an, susceptibles de couvrir l'ensemble des besoins en azote des espèces les plus exigeantes d'entre elles !

Rencontres du 3e type, les actinorhizes

Outre celles des Cycadacées et des Fabacées, un troisième type de racines spécialisées dans la fixation symbiotique de diazote existe dans les écosystèmes continentaux. Il s'agit des actinorhizes, résultant de l'association de bactéries filamenteuses Actinomycètes (ou Actinobactéries) du genre *Frankia* avec quelques espèces végétales particulières réparties parmi 26 genres au sein des Angiospermes. En milieu tempéré, c'est l'apanage des aulnes, des argousiers, des jujubiers ou des oliviers de Bohême, tandis que cette symbiose est aussi répandue en milieu tropical sec ou humide au sein des Casuarinacées. Originaire d'Australie, de Malaisie, de Papouasie et d'îles du Pacifique, cette famille compte 90 espèces qui ont été introduites avec succès dans de nombreux autres pays. Parmi elles figure le filao (*Casuarina equisetifolia*), dont les rameaux tombants aux feuilles très réduites évoquent les plumes de casoar (d'où son nom de famille). Il est aussi appelé *sheoak* (en raison de la dureté de son bois, comparable à celle des chênes) ou *ironwood* en Australie. Cette caractéristique est partagée avec une plante endémique de Nouvelle-Calédonie, le bois de fer (*C. collina*), qui est une espèce pionnière du maquis minier.

Actinorhizes d'aulne.

Ces plantes sont toutes adaptées à des sols pauvres, notamment du fait de leurs actinorhizes capables de fixer efficacement le diazote de l'air. Chez l'aulne, cette capacité de fixation atteint des niveaux aussi élevés que chez les Fabacées. Le dialogue moléculaire entre les partenaires symbiotiques n'a pas été décrypté comme dans la symbiose précédente, mais les mécanismes de colonisation de la racine par les filaments bactériens et la formation de l'actinorhize permettant la fixation symbiotique du diazote sont très similaires à ce qui se passe dans les nodosités indéterminées des Fabacées. L'apparence des actinorhizes présente aussi quelques analogies avec ces dernières. Finalement, il peut paraître étonnant que les symbioses fixatrices d'azote ne soient pas plus répandues dans le règne végétal. Cela fait plusieurs décennies que des scientifiques rêvent de pouvoir conférer de telles capacités à des espèces cultivées fondamentales comme les céréales. Toutefois, les mécanismes de formation et de régulation du fonctionnement des nodosités ou des actinorhizes sont si complexes que nous ne sommes pas près de passer du rêve à la réalité ! Pas si facile de reproduire de telles associations de bienfaiteurs...

Dégâts et des galles

Dans leurs interactions avec les organismes vivant dans le sol, les racines peuvent subir de multiples agressions conduisant à des modifications morphologiques : des ramifications ou des réitérations après des morsures d'animaux, par exemple. Dans certains cas, elles prennent la forme de boursouflures appelées « galles » (à ne pas confondre avec les nodosités ou les ectomycorhizes). Les plus importants dégâts racinaires de ce type sont produits par deux groupes de bioagresseurs. Le premier, le plus répandu, est causé par les nématodes (vers microscopiques) à galles, phytoparasites redoutables du genre *Meloidogyne*. Ils attaquent plus de 2 000 espèces végétales, dont des plantes horticoles, céréalières et fourragères, et on estime qu'ils seraient responsables de 5 % des pertes de récolte à l'échelle globale.

Lorsque les larves de ces nématodes pénètrent dans la racine, elles induisent la formation d'une galle à l'intérieur de laquelle elles vont prospérer en se nourrissant des produits de la photosynthèse et des nutriments issus du végétal. Leur aptitude à pénétrer les tissus racinaires tiendrait à leur faculté – unique dans le monde animal – de produire un cocktail très complet d'enzymes susceptibles de dégrader les polymères organiques (cellulose, pectine ou xylane) qui constituent les parois cellulaires végétales.

Galles de *Meloidogyne* sur racines de tomate.

Une fois installés dans le cortex racinaire, ces nématodes émettent des signaux moléculaires qui déclenchent le développement de cellules géantes formant la galle. Lorsque le niveau d'infestation est élevé, il devient très compliqué de réduire l'impact sur les cultures autrement qu'avec des nématicides. Mais l'emploi de tels produits phytosanitaires est désormais interdit dans de nombreux pays à cause de leurs effets sur des organismes non-cibles, et notamment sur l'ensemble de la communauté nématofaunique du sol.

Un second type de dégâts racinaires conduisant à des excroissances est lié à l'infestation par des bactéries, en particulier *Agrobacterium radiobacter* sp. *tumefaciens*. Ces bactéries, qui font partie des Rhizobiacées, engendrent la prolifération anarchique des cellules racinaires (ou du collet de la plante), aboutissant à la formation de véritables tumeurs. Le déclenchement de ce phénomène est lié à l'insertion d'une portion du génome (sous la forme d'un fragment d'ADN issu d'un plasmide) de la bactérie dans le génome de la plante. La formation de ces tumeurs limite le fonctionnement des racines, leur aptitude à prélever l'eau et les nutriments dans le sol, les dégâts étant particulièrement importants sur les plantes pérennes, notamment des arbres fruitiers ou la vigne, et sur des espèces bisannuelles comme la betterave.

LE SAVIEZ-VOUS ?

La faculté particulière d'*Agrobacterium radiobacter* sp. *tumefaciens* à transférer un fragment d'ADN dans la plante dont elle a infecté les racines a trouvé des applications biotechnologiques et scientifiques majeures : la transgenèse de plantes, c'est-à-dire la production de plantes OGM, organismes génétiquement modifiés, repose très largement sur l'emploi de cette bactérie comme vecteur d'insertion du gène d'intérêt.

Dégâts causés par des larves de mouche de la carotte.

Un cirque sous nos pieds

La faune du sol, dont la diversité est bien plus grande qu'on ne le soupçonne, interagit de multiples manières avec les racines. Contrairement aux effets délétères des nématodes phytoparasites évoqués précédemment, elle peut aussi contribuer à des interactions positives avec les racines, en allant jusqu'à les protéger, voire les débarrasser de leurs bioagresseurs. Ceux-ci sont en effet nombreux à vouloir faire un festin de racines, tant elles constituent un menu riche et varié, en particulier les plus charnues, déjà décrites comme organes de réserve.

Des ravages dans les racines

Les carottes subissent ainsi fréquemment des attaques de la part d'un Diptère, la mouche de la carotte (*Chamaepsila rosae*), dont les larves affectionnent aussi le panais ou le céleri. Elles creusent des galeries de préférence dans la partie inférieure des carottes, où elles pénètrent par les racines latérales. En Amérique du Nord, c'est plutôt un Coléoptère qui est le principal ravageur des carottes. Les larves de ce charançon (*Listronotus oregonensis*) creusent des galeries cette fois dans le tiers supérieur des carottes, puisqu'elles y pénètrent au niveau du collet. Chacun ses galeries, un moyen de savoir à qui nous avons affaire lorsque nos carottes sont perforées avant d'être cuites !

À l'état adulte, le charançon fausse-fourmi est un ravageur de feuilles, mais ses larves s'attaquent aux racines.

La patate douce est un autre légume-racine qui dispose d'un charançon attitré, le charançon fausse-fourmi (*Cylas formicarius*), dénommé ainsi par la morphologie de l'adulte qu'on pourrait prendre pour une fourmi. Ses larves creusent des galeries pour se nourrir à l'intérieur des tubercules. D'autres champions des ravages causés aux racines sont plus connus pour les galeries qu'ils fouissent dans le sol : le rat-taupier, ou campagnol terrestre, est un rongeur qui fait des dégâts considérables pour se nourrir des racines des plantes prairiales. Il ne fait pas dans la dentelle, là où d'autres jouent plus malin. Ainsi, les larves de sitone (*Sitona lineatus*), encore un charançon, choisissent des mets de choix : elles vident de leur contenu très riche en azote et en phosphore les nodosités des Fabacées, ruinant leur capacité à poursuivre leur activité de fixation symbiotique du diazote. Elles causent d'importants dégâts sur des cultures comme le pois ou la fève.

Un autre charançon, la sitone (*Sitona lineatus*).

Les racines des espèces ligneuses ne sont pas épargnées. Constituant elles aussi très souvent des organes de réserve riches en sucres, elles attirent leur lot de bioagresseurs. L'otiorynque, ou charançon noir de la vigne (*Otiorhynchus sulcatus*), s'en prend aux feuilles à l'âge adulte, tandis que ses larves s'attaquent aux racines non seulement de la vigne, mais aussi de nombreuses autres espèces, ligneuses (if, lilas ou framboisier par exemple) ou non (fraisier ou muguet). Beaucoup d'autres insectes vivent dans le sol au stade larvaire, et certaines de ces larves sont bien plus grosses que celles des charançons que nous avons vus jusqu'ici : les vers blancs (larves des hannetons) atteignent plusieurs centimètres et peuvent faire des dégâts considérables, de sorte qu'elles sont particulièrement redoutées des jardiniers.

Nymphe de cigale.

D'autres insectes de grande taille font des dégâts bien plus modestes : c'est le cas des nymphes des cigales, qui sont des insectes piqueurs de la famille des Hémiptères. Tandis que les larves évoquées jusqu'ici se nourrissent des tissus racinaires, les nymphes des cigales piquent les racines pour puiser dans la sève des vaisseaux conducteurs les sucres et les éléments minéraux dont elles ont besoin. Ce régime plus délicat expliquerait leur croissance lente : certaines espèces de cigale vivent des années sous terre, avant d'émerger pour muer en adultes et nous charmer de leur douce musique pendant quelques semaines.

Des stratégies de défense sophistiquées

Les racines déploient de nombreuses stratégies pour déjouer les attaques de leurs multiples bioagresseurs. Une des plus remarquables a été mise en évidence par des scientifiques suisses chez le maïs face à un de ses principaux ravageurs : un Coléoptère originaire d'Amérique du Nord et arrivé en Europe voici une vingtaine d'années, qui est aujourd'hui considéré comme une espèce envahissante. Lorsque ses racines se font grignoter par les larves de la chrysomèle (*Diabrotica virgifera*), elles émettent des molécules volatiles susceptibles de se propager loin dans le sol. Celles-ci agissent comme un véritable appel au secours, puisqu'elles permettent le recrutement de nématodes entomophages. Ces vers microscopiques qui se nourrissent de larves d'insectes sont capables de parcourir dans le sol plus de 10 cm en direction des racines attaquées par les larves de chrysomèles. Arrivés sur place, ils vont infecter ces dernières et débarrasser les racines de maïs de leurs redoutables bioagresseurs. L'équipe de chercheurs a aussi montré que toutes les variétés de maïs n'étaient pas aussi efficaces pour lancer ce signal très ciblé. Choisir les variétés qui en sont capables offrirait des perspectives de lutte contre de tels ravageurs sans faire appel à des insecticides.

Les dessous de la vie souterraine

Symphyle en visite près d'une racine de chêne dans une truffière.

Nous ne savons pas tout de ce qui se passe sous nos pieds, tant s'en faut ! Et pour décrypter un peu plus les mystères de la vie souterraine, les scientifiques doivent déployer toutes sortes de stratagèmes. Ainsi, pour transpercer l'opacité de cet écosystème complexe qu'est le sol, depuis longtemps, ils emploient des tubes transparents ou des fenêtres d'observation qui permettent d'imager les racines et leur cortège d'interactions.
Une équipe montpelliéraine a eu l'idée d'utiliser des scanners étanches insérés à demeure dans le sol pour observer la naissance des truffes, ces champignons ectomycorhiziens très prisés à l'énigmatique fructification souterraine. Ils ont pu observer la formation de nombreuses ectomycorhizes, mais pas la naissance de la moindre truffe ! En revanche, ils ont pu découvrir les multiples interactions que les racines des chênes truffiers entretenaient avec une myriade d'animaux du sol. Aujourd'hui, ils déploient des techniques d'intelligence artificielle pour identifier toute cette faune et décrypter plus vite ses interactions avec les racines.

Interactions de racines d'orge avec la mésofaune du sol (scanners enterrés). De nombreux collemboles se repaissent de microorganismes ou de rhizodépôts à la surface des racines, voire des poils racinaires et de la racine elle-même.

Système racinaire d'un hêtre présentant de belles anastomoses.

Les racines de nos écosystèmes

Par leurs diverses activités, les racines modifient profondément leur environnement immédiat, tant sur un plan physique que chimique. Ces modifications affectent non seulement le fonctionnement des plantes elles-mêmes, mais aussi de nombreux organismes du sol, des microorganismes à la faune. À ce titre, elles confèrent aux plantes le statut d'ingénieurs de l'écosystème.

Prémices d'un sol de montagne, avec la fissuration de la roche-mère par les racines d'un pin (massif du Canigou, Pyrénées-Orientales).

Des ingénieurs bâtisseurs qui font (éco)système

Les plantes sont bien connues pour leur effet structurant sur la biodiversité, à travers la variété des abris et des ressources qu'offrent leurs tiges ou troncs, leurs branches ou rameaux, leurs feuilles, leurs fleurs et leurs fruits. Et nous savons tous à quel point replanter des arbres ou des haies dans les champs ou dans les villes est un formidable levier pour restaurer une diversité d'organismes en accueillant insectes pollinisateurs, oiseaux et chauve-souris, pour n'évoquer que les plus emblématiques. Mais bien peu d'entre nous ont conscience que 60 % de la biodiversité terrestre est hébergée dans les sols, qui constituent sous nos pieds des biotopes d'une incroyable richesse. Pour ce monde souterrain, les racines sont d'ailleurs les premiers pourvoyeurs de ressources et d'habitats, à la fois Restos du cœur et HLM.

Des pleins et des vides, agrégats et biopores

En premier lieu, les racines peuvent être considérées comme de véritables ingénieurs des ponts et chaussées, dans la mesure où certaines de leurs actions les plus spectaculaires concernent leur aptitude à modifier en profondeur leur environnement physique, la structure même du sol.

Le pouvoir d'agréger

Les racines contribuent de différentes manières à la structuration du sol, c'est-à-dire à l'assemblage tridimensionnel des particules pour former des agrégats particulièrement stables. La plus évidente est liée aux poils racinaires qui, lorsqu'ils sont suffisamment denses et longs, ont la capacité de capturer les particules de sol entre eux. Chez les Poacées, qui présentent une zone pilifère particulièrement étendue, avec d'abondants poils racinaires pouvant atteindre jusqu'à plusieurs millimètres, une gaine de sol adhérant fortement à la racine se forme, alors qu'un tel phénomène ne se produit pas à l'apex.

Gaine périracinaire de *Lyginia barbata* constituée de grains de sable (Australie occidentale).

Le phénomène peut être encore plus spectaculaire chez des plantes de milieu aride. En effet, la formation de cette gaine périracinaire sous l'effet des poils racinaires joue un rôle important dans le maintien de la continuité hydraulique. Lorsque le sol se dessèche, le contact entre les particules de sol et la surface de la racine qui se rétracte peut être perdu, limitant le flux d'eau vers les racines, mais l'agrégation des particules de sol dans la zone pilifère assure le maintien de ce contact vital.

Outre les poils racinaires, la production de mucilages par les racines est également responsable de cette forte cohésion des agrégats qui assurent le contact avec le sol. Nous avons vu dans le chapitre précédent que ces rhizodépôts sécrétés en abondance à l'apex des racines sont visqueux et peuvent ainsi agréger durablement les particules de sol entre elles. Hormis la racine elle-même, de multiples microorganismes de la rhizosphère produisent des molécules organiques contribuant à ces agrégations, à tel point qu'il est assez difficile de déterminer la part de chaque acteur dans ce phénomène. Par exemple, certaines bactéries produisent des exopolysaccharides, c'est-à-dire des sucres polymérisés très proches par leur composition et leurs propriétés physiques des mucilages racinaires. Et de nombreux champignons mycorhiziens produisent en abondance une protéine, la glomaline, qui, outre l'effet mécanique des hyphes mycéliennes, contribue aussi efficacement à la formation d'agrégats très stables dans l'environnement des racines.

Savoir perforer en douceur

Pour cheminer dans le sol, les racines ont deux options : soit tirer profit de la porosité préexistante, qu'elle soit d'origine physique (fissuration mécanique) ou biologique (biopores créés par la faune du sol telle que les vers de terre, ou par des racines précédentes) ; soit créer de nouveaux biopores. Mais toutes les plantes ne sont pas égales dans leur capacité à créer la porosité nécessaire à la prospection du sol par les racines.

En agriculture, il est connu qu'un travail du sol, lorsqu'il est effectué dans de mauvaises conditions physiques, peut avoir des effets désastreux : c'est la semelle de labour. Selon le type de sol, son humidité au moment du labour, et selon le poids des engins et outils agricoles, le passage du soc de charrue peut lisser le sol et fermer complètement la porosité préexistante. Cette semelle plus ou moins impénétrable, située à 20-30 cm de profondeur (la profondeur du labour), peut conduire les plantes dont les racines ne seraient pas capables de la perforer à avoir une croissance très restreinte, leur système racinaire restant superficiel, et à ne pas être en mesure de faire face à la moindre contrainte hydrique. Heureusement, beaucoup de plantes cultivées ont des racines capables de contourner cet obstacle physique, en créant *de novo* de la macroporosité.

C'est particulièrement le cas de certaines espèces à enracinement pivotant, comme la luzerne en région tempérée, ou une autre Fabacée, tropicale celle-ci, particulièrement efficace pour perforer des sols indurés ou compactés : *Stylosanthes hamata*. Une équipe australienne a mené une expérience montrant les différences d'aptitude entre espèces végétales en matière d'exploration racinaire. De nombreux sols en Australie sont qualifiés de *duplex soils*... Encore une affaire d'habitat ! Il s'agit de sols à forte discontinuité texturale, le plus souvent très sableux en surface et très argileux en profondeur, voire indurés, les particules de sol pouvant

Fleurs de *Stylosanthes hamata* (Madagascar).

être quasiment cimentées entre elles par de la silice ou du carbonate de calcium. Ces chercheurs ont échantillonné des colonnes de 50 cm de long dans un sol de ce type, présentant une couche compacte à environ 30 cm de profondeur. Ils les ont passées dans un scanner médical pour obtenir les images en 3D de la macroporosité du sol. Puis ils y ont semé trois espèces végétales, et, après les avoir cultivées pendant trois mois, ils ont de nouveau scanné les colonnes de sol. Le colza utilisait préférentiellement la macroporosité préexistante. Seules quelques-unes de ses racines étaient capables de pénétrer le sous-sol compact, de même que la luzerne, qui créait à cette fin de nouveaux biopores malgré les propriétés physiques défavorables. La capacité de perforation était cependant plus forte chez la troisième espèce testée : *Atriplex nummularia*, le *saltbush*, une espèce arbustive endémique du bush australien, particulièrement adaptée par son système racinaire perfor(m)ant pour prospecter le sous-sol fréquemment induré dans ces environnements arides.

Le cycle de l'eau, de bas en haut

La végétation tient une place centrale dans le cycle de l'eau et la régulation du climat, en puisant grâce à ses racines l'eau stockée en abondance dans les sols et en transférant l'immense majorité de cette eau dans l'atmosphère, *via* le processus de transpiration qui se produit principalement au niveau des feuilles. Ainsi, un chêne mature de plus haute taille que les arbres voisins transpire quotidiennement environ 250 l d'eau lorsque son feuillage est pleinement développé, soit 25 à 30 m^3 par jour sur une surface d'un hectare de chênaie d'une densité de 100 à 120 arbres par hectare. Sur une année, cela représente l'équivalent de 600 mm de précipitations recyclées, soit la part majeure des précipitations pour une chênaie moyenne en France. Dans des environnements tropicaux comme la forêt guyanaise, la quantité d'eau transpirée peut atteindre 1 500 mm par an !

La dépression (hydraulique) qui va bien

Chez cette formidable machinerie hydraulique qu'est la plante, le moteur réside dans la différence de pression entre la vapeur d'eau (qu'on appelle aussi « potentiel hydrique ») contenue dans l'atmosphère et celle contenue dans la plante. Ainsi, dès que les stomates s'ouvrent pour capter le CO_2 et réaliser la photosynthèse, de la vapeur d'eau est simultanément émise vers l'atmosphère. Cette force de succion s'exerce donc surtout dans la journée, lorsque l'activité photosynthétique des feuilles impose l'ouverture des stomates. Pour minimiser ces pertes en eau, les plantes adaptées à la sécheresse déploient toutes sortes de stratégies, et nous ne détaillerons pas celles qui sont affaire de feuilles ! Cependant, l'une d'elles consiste en signaux hormonaux émis par les racines, signaux qui contribuent à réguler la fermeture des stomates ; les racines sont en effet en première ligne pour percevoir la faible disponibilité de l'eau dans le sol lorsqu'il s'assèche.

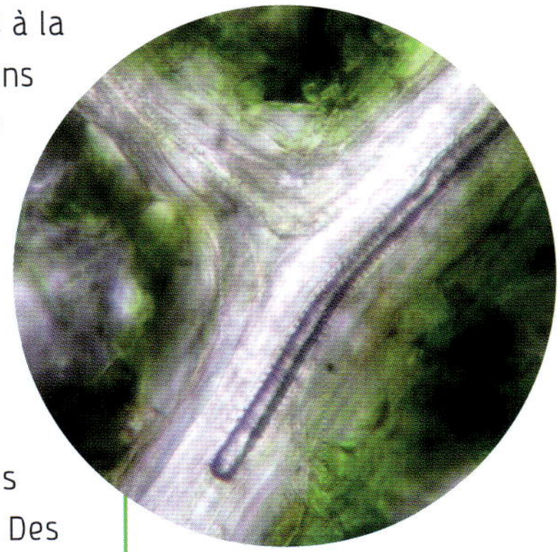

Bulles d'air dans les vaisseaux xylémiens d'une feuille chez un noyer soumis à un stress hydrique. Un processus analogue (embolie) peut se produire dans les racines.

Toutefois, comme pour les animaux, la transpiration des végétaux est un processus crucial de régulation thermique, et il est donc risqué pour les plantes de limiter l'émission de vapeur d'eau lorsque les conditions climatiques combinent sécheresse et températures élevées. Des dégâts irréversibles peuvent alors se produire pour la plante en surchauffe, comme cela a été observé dans de nombreux espaces agricoles et forestiers français lors des épisodes caniculaires de juillet 2023, notamment. Outre les brûlures des feuilles, conséquence de cette combinaison de stress hydrique et thermique, une forte sécheresse peut aussi endommager définitivement les vaisseaux conducteurs de sève brute qui véhiculent l'eau et les nutriments puisés par les racines dans le sol. Il s'agit dans ce cas de processus de cavitation, la dépression étant tellement forte qu'elle peut conduire à la formation de bulles d'air à l'intérieur des vaisseaux, qui stoppent la remontée capillaire de la sève brute de façon définitive. Une embolie peut se produire autant dans les racines que dans les tiges. Ce phénomène menace particulièrement les espèces de grande stature, pour lesquelles l'eau peut avoir à parcourir un chemin très long, depuis des racines parfois à plusieurs dizaines de mètres de profondeur jusqu'aux feuilles situées à plusieurs dizaines de mètres de hauteur, défiant ainsi les lois de la pesanteur et de l'hydraulique.

Dispositif de mesure de flux d'eau sur un pivot secondaire de *Faidherbia* de 12 cm de diamètre.

L'ascenseur hydraulique

Un autre particularisme des racines en milieu aride est qu'elles peuvent être responsables d'une réhumectation des couches de sol les plus sèches, en surface, à partir de couches plus humides en profondeur : un phénomène d'ascenseur hydraulique qui peut se produire la nuit, en l'absence de transpiration. L'eau extraite par les racines est transportée par les vaisseaux du xylème vers les parties aériennes mais, les stomates étant fermés la nuit (absence d'activité photosynthétique), c'est au niveau des racines des couches superficielles du sol qu'elle est susceptible de ressortir et, *in fine*, de réhumecter le sol.

Ce processus survient si le potentiel hydrique du sol en surface est sensiblement plus faible que celui de l'eau contenue dans les vaisseaux xylémiens des racines superficielles. C'est ce qui se produit en milieu aride, où le sol peut être extrêmement sec en surface. Dans ce type d'environnement, cette redistribution hydraulique aurait avant tout pour effet de stimuler des activités biologiques, microbiennes notamment, mises en veille sous l'effet de la dessiccation, et de contribuer ainsi à la fourniture de nutriments aux racines présentes dans les couches les plus superficielles du sol. Une ressource à la rescousse des autres, en l'occurrence.

LE SAVIEZ-VOUS ?

Les plantes sont soumises à de très faibles valeurs de potentiel hydrique, avec un gradient des racines aux feuilles. Il s'agit de valeurs de pression négatives, en d'autres termes de tension, qui atteignent couramment - 1 à - 2,5 mégapascals (MPa) (soit - 10 à - 25 bar) dans les nervures des feuilles, et environ - 0,6 MPa dans le xylème des racines, alors que le potentiel hydrique dans l'atmosphère oscille entre - 10 et - 100 MPa. Dans le sol, le potentiel hydrique varie entre environ - 0,03 MPa lorsqu'il est humide et - 10 à - 1 000 MPa lorsqu'il se dessèche.

La plupart des végétaux sont incapables d'absorber l'eau au niveau de leurs racines lorsque le potentiel hydrique atteint des valeurs inférieures à - 1,6 MPa. Il s'agit du point de flétrissement permanent, car les feuilles perdent alors irréversiblement leur tenue (turgescence) du fait du déficit hydrique. Dans la forêt méditerranéenne, une équipe du sud de la France a pu mesurer l'extraction d'eau par le chêne vert jusqu'à - 4,5 MPa ! Les espèces des milieux désertiques vont encore plus loin : ainsi, les Fabacées arbustives du genre *Prosopis* peuvent atteindre des valeurs de -10 MPa. Les racines de succulentes ont même la capacité d'extraire l'eau du sol à des potentiels hydriques encore plus faibles, jusqu'à - 30 MPa chez le figuier de Barbarie (*Opuntia ficus-indica*), championne du monde toutes catégories originaire du Mexique.

Figuier de Barbarie.

L'exploration des ressources

Les systèmes racinaires des différentes espèces végétales maximisent plus ou moins efficacement la prospection du sol pour améliorer l'accès aux nutriments et à l'eau. Cette stratégie d'exploration est particulièrement remarquable en milieu aride, où l'on trouve les espèces aux enracinements les plus profonds, jusqu'à plusieurs dizaines de mètres pour atteindre l'eau des nappes phréatiques.

Savoir être superficiel

Dans de nombreux écosystèmes, les propriétés du sol en surface sont plus favorables qu'en profondeur : le sol y est souvent plus riche en matières organiques du fait du recyclage des litières aériennes, abritant ainsi une plus forte abondance d'organismes vivants. La richesse en nutriments y est plus grande, *a fortiori* dans les agroécosystèmes recevant des apports de fertilisants ou des amendements organiques. En surface, le sol est également plus propice aux activités des organismes, car il est moins compact, plus structuré et mieux aéré qu'en profondeur. L'ensemble de ces conditions fait que de nombreuses plantes investissent beaucoup de carbone dans la biomasse racinaire superficielle, le retour sur investissement d'une bonne prospection des 10-30 premiers centimètres du sol étant attendu.

Cette propension à rester superficiel est en partie prédéterminée par l'architecture racinaire, notamment les angles d'émission des racines, avec d'assez grandes différences entre espèces, mais aussi au sein d'une même espèce. Ainsi, certaines espèces d'arbres ont des systèmes racinaires à très faible géotropisme, et se développent donc plutôt à l'horizontale. C'est le cas du pin maritime et de nombreux eucalyptus. Chez une Fabacée annuelle comme le haricot, l'architecture racinaire présente une grande variation intraspécifique (c'est-à-dire entre variétés de haricot) ; elle peut ressembler à la disposition des baleines d'un parapluie fermé (colonisant préférentiellement le sous-sol) ou au contraire ouvert (colonisant davantage le sol en surface), avec tous les intermédiaires possibles.

Le système racinaire semblable à un parapluie ouvert offre une meilleure prospection de la partie superficielle du sol. Cela n'est cependant pas vrai dans tous les écosystèmes. Ainsi, dans les sols soumis à des périodes de sécheresse, l'absence d'eau en surface du sol rendra moins utile une prospection racinaire superficielle, et c'est plutôt la forme du parapluie fermé qui sera la plus efficace pour accéder aux ressources en eau et en nutriments du sol.

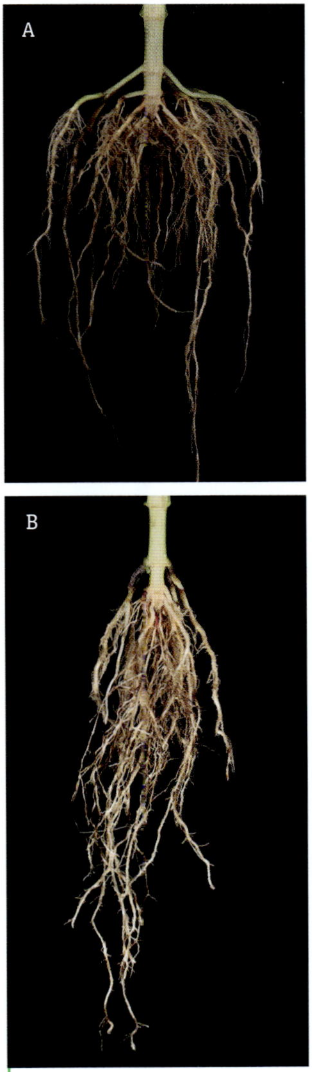

Deux variétés de maïs présentant des systèmes racinaires très contrastés, en parapluie ouvert (A) ou fermé (B), du fait des angles d'insertion de leurs racines.

Racines superficielles horizontales de *Pterocarpus* sp. (Burkina Faso).

Il faut toutefois se rappeler la grande plasticité de l'architecture racinaire ; les racines s'affranchissent donc partiellement de leurs prédispositions génétiques, prospectant le sol au gré d'autres tropismes que le seul géotropisme. Ainsi, nombre de Protéacées poussant dans les sols très pauvres de l'Ouest australien développent leurs racines en *clusters* à l'horizontale, sous la couche de litière, à l'arrivée des premières pluies, percevant qu'il est stratégique de récupérer le maximum des nutriments qui vont être produits lors de la décomposition de cette litière : elles tendent ainsi un véritable filet pour n'en perdre aucune miette !

Explorer à fond

Chez de nombreuses plantes, les racines principales se développent verticalement ou subverticalement, grâce au géotropisme positif et à la perception de la pesanteur. L'intérêt majeur de cette propension à croître en profondeur, présente chez des systèmes aussi bien pivotants que fasciculés, consiste à assurer l'acquisition des ressources, qui ont tendance à être plus disponibles dans le sous-sol qu'en surface. C'est principalement le cas de l'eau qui, par gravité, s'écoule naturellement vers le bas, humectant le sol en profondeur. Or le sol se dessèche par le haut, du fait de l'action combinée de l'évaporation et de la transpiration des plantes. Ainsi, entre deux épisodes pluvieux, la partie superficielle du sol voit sa teneur en eau chuter et son potentiel hydrique atteindre éventuellement des valeurs auxquelles les racines ne parviennent plus à extraire l'eau du sol.

Parc agroforestier à *Faidherbia albida* en saison sèche (Sénégal).

Installer leur système racinaire en profondeur permet donc aux végétaux de couvrir au mieux leurs besoins en eau. L'analyse des profondeurs moyenne et maximale des systèmes racinaires dans les différents biomes terrestres en constitue la meilleure preuve. La profondeur augmente très sensiblement dans les environnements plus secs des zones méditerranéennes, semi-arides ou arides ; les records du monde de profondeur d'enracinement sont tous détenus par des arbres adaptés aux milieux désertiques : la Fabacée *Neltuma* (anciennement *Prosopis*) *juliflora*, à 53 m dans le désert d'Arizona, et plus encore *Acacia erioloba*, à 60 m, ou *Boscia albitrunca*, à 68 m de profondeur dans le désert du Kalahari, au Botswana. Les racines les plus profondes de ces arbres leur permettent d'atteindre les nappes phréatiques, qui sont souvent présentes à grande profondeur dans ces milieux désertiques. Ces espèces, qualifiées de « phréatophytes », sont les seules à conserver leur feuillage actif et à photosynthétiser au plus fort de la saison sèche dans les zones semi-arides, notamment dans les parcs agroforestiers du Sahel, avec cette autre phréatophyte qu'est la Fabacée *Faidherbia albida*.

Mais, en dehors de ces champions, nous avons tendance à sous-estimer la capacité de nombreuses espèces à explorer le sol très loin sous la surface. En effet, il est difficile d'obtenir des informations quantitatives sur la distribution des racines en profondeur (cela nécessite un travail fastidieux d'excavation et de tri du sol et des racines). Aussi, la plupart des recherches sur les racines se cantonnent aux premiers 30 cm, voire au premier mètre de sol, rarement au-delà.

Pour autant, des espèces annuelles assez communes comme le blé ou le maïs, en l'espace de quelques mois, peuvent aisément atteindre des profondeurs comprises entre 1,5 et 2,5 m. Des espèces pivotantes comme des moutardes sont plantées en hiver pour limiter les pertes de nitrate par entraînement en profondeur et la contamination des eaux souterraines : on les appelle des Cipan (pour cultures intermédiaires pièges à nitrate), car leurs racines colonisent rapidement le sol jusqu'à environ 3 m, voire 4 m. La luzerne est une Fabacée pérenne dont le système racinaire pivotant atteint aisément 4 m dans la première année de sa plantation. Aujourd'hui, pour faire face au changement climatique en agriculture et en foresterie, il devient primordial de prendre en considération l'aptitude des plantes à prospecter efficacement le sous-sol.

Racines d'ōhi'a (*Metrosideros polymorpha*) perçant le plafond d'une grotte à une dizaine de mètres sous la surface du sol (Nāhuku, ou tunnel de lave Thurston, Hawaii).

Le sens de l'opportunité et du minimalisme

La capacité de perception par les racines des conditions de leur environnement, combinée à la plasticité de leurs structures, est telle qu'on peut observer des proliférations racinaires dans des volumes de sols où les conditions sont plus favorables, par exemple dans des macropores tels que des fissures (dans les sols comme dans les roches), où les contraintes

Prolifération de racines de vigne au bord d'une fissure (Hérault). De jeunes racines aux apex blancs se faufilent au milieu des racines âgées lignifiées.

mécaniques sont plus faibles et l'aération facilitée. Dans les sols caillouteux, l'eau tend à se condenser à la surface inférieure des pierres ou des galets, et les racines s'y développent souvent davantage qu'à la face supérieure de ces obstacles naturels.

Un dernier exemple pour illustrer l'opportunisme racinaire est celui des vergers alimentés en eau et en nutriments par fertirrigation au goutte-à-goutte. L'apport localisé et parfaitement ajusté de ces ressources au pied des arbres conduit ces derniers à concentrer leur système racinaire à ce niveau, les racines proliférant au niveau du bulbe d'irrigation (le volume de sol qui est humecté). Cela montre que les systèmes racinaires savent s'acclimater en faisant preuve de minimalisme : inutile de prospecter le sol au-delà de ce volume restreint, tant latéralement qu'en profondeur. Ainsi, la biomasse racinaire totale peut être relativement faible par rapport à la biomasse de tels arbres.

L'exploitation des ressources : des racines à la mine

Plutôt que de jouer sur leur capacité d'exploration, de nombreuses espèces végétales ont plutôt recours à une stratégie d'exploitation pour augmenter l'accès aux ressources en nutriments. On parle parfois de stratégie minière, car ces racines parviennent à mobiliser des nutriments présents sous des formes peu (ou pas) accessibles à la plupart des plantes : elles recourent à la sécrétion d'acides ou d'enzymes par exemple. De telles adaptations se rencontrent particulièrement dans les écosystèmes avec des sols pauvres, imposant de fortes contraintes nutritionnelles. Elles sont de véritables sources d'inspiration pour concevoir des agroécosystèmes plus efficaces en tirant parti des ressources du sol et en minimisant le recours à des apports d'intrants fertilisants ou autres, dans le cadre de la transition agroécologique et dans une perspective de plus grande sobriété en agriculture.

Savoir déplacer les équilibres

La fonction première des racines consiste à absorber l'eau et les nutriments dans le sol. Cette simple action a pour conséquence de modifier les concentrations des nutriments dans le voisinage immédiat des racines : pour des éléments présents en concentration faible et peu mobiles dans le sol, comme c'est le cas du phosphore ou du potassium, le flux élevé imposé par la plante pour couvrir ses besoins provoque une forte chute de leur concentration dans la rhizosphère, perceptible sur une distance d'environ un millimètre pour les ions phosphates et sur quelques millimètres pour les ions potassium, qui sont légèrement plus mobiles dans le sol.

Leurs concentrations au voisinage des racines peuvent ainsi être cent, voire mille fois plus faibles qu'à distance des racines. La conséquence immédiate de cet abaissement de concentration est de favoriser la diffusion de ces ions depuis les zones plus distantes et de réalimenter ainsi la rhizosphère… et la racine. Une autre conséquence importante est le déplacement des équilibres qui régissent les réactions chimiques dont le sol est le siège. Dans le cas du potassium, on a mis en évidence que l'absorption de ces ions par les racines déplaçait les équilibres d'échanges d'ions à tel point qu'il pouvait en résulter une transformation de minéraux riches en potassium (micas) en minéraux appauvris en potassium (argiles du type vermiculite).

Les racines sont donc capables de modifier dans leur rhizosphère, en l'espace de quelques jours, des propriétés du sol réputées très stables, comme leur composition minéralogique. Cette altération de minéraux sous l'action des racines permet d'expliquer la capacité de nombreuses espèces végétales à utiliser des formes de nutriments pourtant réputés peu disponibles (tels que le potassium contenu dans les micas). Elle montre aussi que les plantes sont un acteur majeur de la formation et de l'évolution des sols.

Autour de cette racine d'eucalyptus (1 cm de diamètre environ) située à 3,50 m de profondeur dans un sol australien, on observe une modification de la couleur du sol dans la rhizosphère, liée à la dissolution puis reprécipitation d'oxydes de fer. Il est rare que la rhizosphère se distingue à l'œil nu. Il faut souvent faire appel à des techniques analytiques pour évaluer comment elle se distingue du sol ambiant.

Dissoudre l'insoluble

Les racines ont à leur disposition toute une panoplie de mécanismes susceptibles d'altérer les minéraux du sol ou des roches. Le plus important est sans aucun doute lié à leur capacité de modifier le pH (l'acidité) de la rhizosphère. En quelques heures, le pH autour des racines actives peut varier jusqu'à 2 ou 3 unités et passer ainsi, par exemple, de la neutralité (pH = 7) à des valeurs de pH très acides (pH = 4 ou 5). Une telle acidification de la rhizosphère peut avoir pour conséquence directe la dissolution des minéraux ou des roches au voisinage des racines.

C'est particulièrement le cas du carbonate de calcium, minéral abondant dans les sols développés sur roches calcaires. Le scientifique allemand Julius von Sachs, considéré comme le père de la physiologie végétale, avait ainsi rapporté en 1869 une expérience où, après avoir fait croître des racines de haricot à la surface d'une plaque de calcaire, il avait pu observer l'empreinte en creux du système racinaire, qu'il avait attribué aux sécrétions acides des racines. Ce phénomène peut s'observer dans la nature.

Empreintes racinaires en creux sur une dalle de calcaire.

D'autres expériences effectuées à la fin du XXe siècle ont démontré que l'acidification induite par les racines était responsable de la dissolution de minéraux et de roches réputées peu solubles, telles que des phosphates de calcium (apatite) et des roches phosphatées, ainsi que des silicates (micas, feldspaths) et des roches silicatées (basalte par exemple). Ce processus est sans doute le plus important parmi ceux impliqués dans la formation et l'évolution des sols sous l'effet de la végétation. Il contribue significativement à la nutrition des plantes, en libérant de nombreux nutriments ainsi solubilisés dans les écosystèmes peu anthropisés, mais aussi dans les agroécosystèmes recevant peu d'intrants fertilisants ou des intrants sous la forme de roches broyées (calcaire, roche phosphatée, basalte ou granit).

Cette action d'acidification est en grande partie liée à l'activité propre des racines. Cependant, de nombreux microorganismes de la rhizosphère ont également la capacité de produire divers acides, susceptibles de contribuer à la dissolution de minéraux et de roches. Cela a été bien mis en évidence chez des champignons ectomycorhiziens notamment, qualifiés de *rock-eating fungi* (champignons mangeurs de roches) !

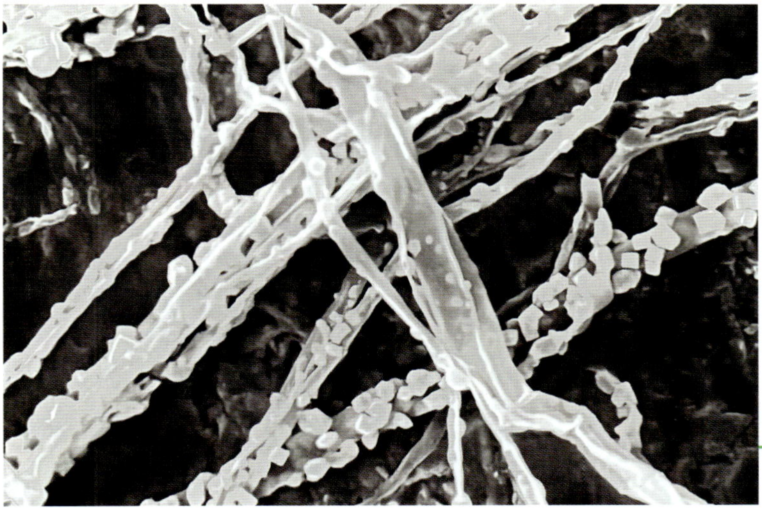

Cristaux de weddellite à la surface des hyphes de *Rhizopogon roseolus* dans la rhizosphère d'un pin maritime. La production massive d'acide oxalique par ce champignon ectomycorhizien permet au pin de bénéficier des nutriments libérés par cet acide organique, très efficace pour dissoudre les minéraux du sol.

Des enzymes « gloutons »

Les racines et, plus encore, les microorganismes de la rhizosphère sécrètent de nombreuses enzymes impliquées dans la minéralisation des matières organiques du sol. Parmi elles figurent des protéases, capables de catalyser la décomposition de protéines en acides aminés. Les phosphatases, quant à elles, peuvent hydrolyser de multiples composés organiques susceptibles de libérer du phosphate : acides nucléiques comme les fameux ADN ou ARN, phospholipides (constituants des membranes cellulaires) ou phytates (forme de réserve en phosphore des graines de la plupart des végétaux). C'est également le cas des aryl-sulfatases, qui vont permettre de minéraliser des composés organiques riches en soufre.

Cette production d'enzymes dans la rhizosphère contribue ainsi fortement au recyclage des matières organiques du sol et à la fourniture de ces éléments minéraux nécessaires à la plante que sont l'azote, le phosphore ou le soufre. Ils sont tout aussi essentiels pour le microbiote racinaire qui, de surcroît, utilise aussi ces processus enzymatiques pour accéder à la ressource clé du carbone contenu dans ces mêmes composés organiques. Il s'agit là d'enzymes de natures variées, propres aux molécules carbonées ciblées, comme les cellulases (ciblant la cellulose) et les peroxydases (dont les laccases), capables d'hydrolyser des composés plus récalcitrants comme les lignines. Ces dernières sont notamment l'apanage de champignons saprotrophes, qui jouent un rôle très important dans le cycle du carbone et la décomposition des matières organiques du sol.

Des habitats superficiels aux plus profonds

À travers les modifications très importantes des propriétés physiques et chimiques du sol qu'elles colonisent, les racines sont à l'origine de la création d'habitats variés qui font de la rhizosphère une multitude de *hot spots* d'activité biologique. Cela a été très étudié en ce qui concerne le microbiote du sol dans les couches les plus superficielles. Mais il faut reconnaître que peu de recherches se sont attachées à caractériser de tels effets et leur dynamique temporelle au champ. Et particulièrement en dessous d'un mètre de profondeur, car la communauté scientifique a longtemps considéré que les activités biologiques du sol y étaient extrêmement restreintes, limitées par la faible disponibilité des ressources carbonées.

En réalité, ce n'est pas vrai dans la rhizosphère, qui est le lieu d'entrée du carbone dans le sol, quelle que soit la profondeur des racines. Ainsi, il a été montré récemment, dans des sols tropicaux très pauvres mais profonds au Brésil, que la teneur en carbone organique était très significativement supérieure à plusieurs mètres de profondeur autour de racines d'eucalyptus, et qu'il en résultait une stimulation des communautés microbiennes, et même la formation d'ectomycorhizes différentes de celles rencontrées en surface. Cela influence les activités de la faune du sol sur toute la profondeur de sol que colonisent les racines, comme nous commençons à peine à le découvrir… Les racines seraient donc des pourvoyeuses d'habitats de tout type, du HLM aux résidences de luxe pour microbes et animaux en tout genre !

Racines de teck à 8,40 m de profondeur dans une plantation en Inde (scanner enterré). Noter la présence d'un invertébré près d'une racine.

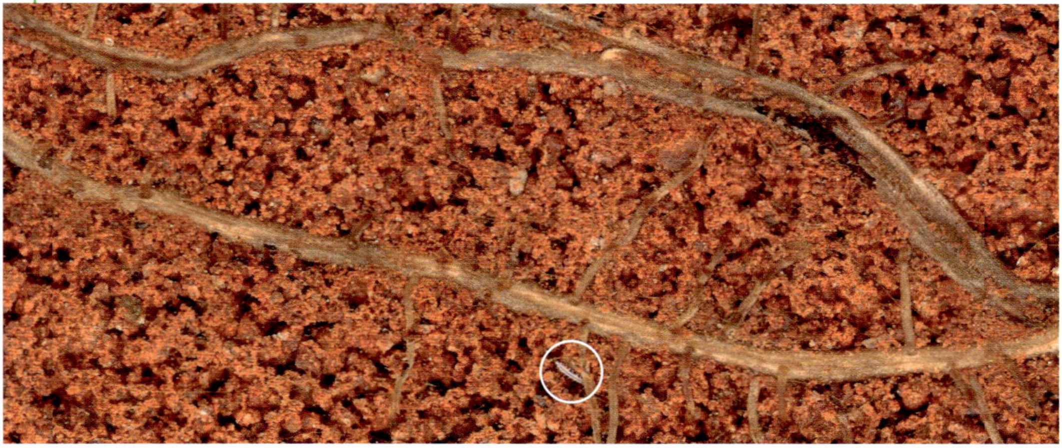

Du carbone en stock et en profondeur

Par leur capacité de stockage du carbone, les écosystèmes terrestres tiennent une place centrale dans l'atténuation du changement climatique. Le CO_2 assimilé par les plantes via la photosynthèse est stocké sous forme de carbone organique dans la biomasse végétale, mais aussi dans les sols. Les forêts constituent des stocks importants ; le bois des troncs peut équivaloir jusqu'à 30 % du carbone photosynthétisé. En comparaison, la part du système racinaire varie en général entre 10 et 50 %. Les valeurs les plus fortes correspondent aux milieux arides ou peu fertiles, pour lesquels les arbres investissent davantage dans leurs racines afin d'accéder aux ressources du sol. À l'échelle de la planète, les stocks de carbone contenus dans la végétation seraient légèrement supérieurs au CO_2 présent dans l'atmosphère. Les stocks contenus dans les sols sur les 30 premiers centimètres sont plus importants que dans les plantes et l'atmosphère réunis. Et sur une épaisseur d'un mètre, ils représentent plus du double (entre 2500 et 3400 milliards de tonnes). Il est aujourd'hui admis que les racines contribuent très significativement au stockage de carbone dans les sols, et particulièrement en profondeur, jusqu'à plusieurs mètres. En effet, à travers leur activité de prospection, elles injectent du carbone dans le sol et le sous-sol, à la fois de leur vivant, grâce à la rhizodéposition, et à leur mort, par décomposition. C'est aussi dû à la longévité supérieure du carbone des racines comparativement à celui des parties aériennes. Les tissus racinaires, par leur structure et leur composition biochimique, sont conçus pour survivre dans le sol et résister à la décomposition. C'est encore davantage le cas en profondeur, où l'activité de la faune et des microorganismes décomposeurs est bien moindre qu'en surface. Les haies ou les systèmes agroforestiers, en réinstallant des plantes pérennes à enracinement profond dans les champs, sont un moyen efficace d'accroître les stocks de carbone organique dans les sols agricoles. En France, il a été montré que le stock de carbone organique du sol augmentait en moyenne de 0,25 t de C/ha/an dans ces systèmes agroforestiers.

Dispositif expérimental pour quantifier les flux de carbone dans les plantes et leur répartition entre biomasse aérienne, racinaire et rhizodéposition dans le sol. Un sac en toile étanche aux échanges gazeux enveloppe la plante. Du CO_2 marqué avec l'isotope lourd du carbone est injecté dans le sac, et l'analyse de la teneur de cet isotope dans les différents compartiments de la plante et du sol permet alors l'estimation de ces flux. Dans ce système agroforestier, ils variaient entre 0,3 et 2 t/ha pour la rhizodéposition de céréales, alors que la biomasse aérienne représentait autour de 3 t/ha, et la biomasse racinaire entre 0,2 et 1 t/ha.

Estimer la biomasse aérienne d'un arbre adulte, même de grande stature, est relativement aisé. Comme il faut au préalable excaver les racines, l'exercice est bien plus compliqué pour la biomasse racinaire. Pourtant, celle-ci est loin d'être négligeable : elle pèse lourd dans le stock de carbone que représente un arbre forestier. Tel est le cas du système racinaire de ce chêne vert en bordure de rivière, mis à nu par les crues successives du Verdouble, au débouché de ses gorges près de Tautavel (Pyrénées-Orientales).

Et après la mort ? La vie, encore !

Après avoir vécu plus ou moins longtemps dans le sol, les racines meurent. Leur existence ainsi que celle d'une partie des cellules de la coiffe, du rhizoderme, et en particulier des poils racinaires ou du cortex, peuvent être relativement éphémères : quelques jours à peine. Pour autant, la racine peut continuer à vivre dépourvue d'épiderme ou de cortex ; sa vie ne tient plus alors qu'à un fil : le cylindre central, tant qu'il continue à assurer le transfert longitudinal des sèves brute et élaborée. Ainsi, pour la plupart des racines, la durée de vie est plutôt de l'ordre de quelques mois à quelques années, voire bien plus dans le cas des racines charpentières fortement lignifiées des arbres séculaires ou millénaires.

Lorsque les cellules racinaires ou les racines meurent, elles constituent des débris organiques qui font le régal des communautés d'organismes du sol impliquées dans leur décomposition : la faune détritivore du sol, qui les fragmente en petits morceaux puis les ingère pour couvrir ses besoins nutritionnels. Figurent parmi ces détritivores de nombreux animaux du sol (acariens, collemboles ou cloportes, ainsi que vers de terre). Les débris de végétaux microdivisés qu'ils produisent et leurs déjections de diverses natures deviennent matière à décomposition pour de très nombreux microorganismes du sol. Ceux-ci, grâce à leur équipement enzymatique varié, complètent le travail entamé par le microbiote intestinal de la faune du sol, et dégradent les molécules parfois très complexes qui constituent les cellules ou les organes végétaux. Il en résulte des molécules organiques plus simples (sucres ou acides aminés par exemple, qui peuvent être aisément métabolisés par les organismes du sol), voire des ions minéraux comme le nitrate, l'ammonium ou le phosphate. La boucle est ainsi bouclée.

Cependant, il faut noter que, comparativement aux parties aériennes comme les feuilles, les racines s'avèrent beaucoup plus résistantes à la décomposition dans le sol. Ce n'est pas totalement surprenant, car elles sont conçues pour survivre dans le sol sur des durées qui peuvent être très longues. Pour cela, leur composition biochimique diffère de celle des feuilles ; elles sont plus pauvres en azote et plus riches en molécules organiques plus difficiles à décomposer, telles que la lignine.

Mais ce n'est que reculer pour mieux sauter ! Même si le processus est plus long et permet finalement de participer de façon efficace et durable au stockage de carbone organique dans les sols, les détritivores et les décomposeurs microbiens finissent par avoir raison des molécules les plus récalcitrantes contenues dans la racine. Au-delà de sa décomposition complète, le biopore racinaire que laissera la racine derrière elle pourra constituer un habitat ou une niche écologique très favorable à une myriade d'êtres vivants souterrains… ou à de nouvelles racines !

Racine recolonisant un biopore racinaire préexistant à environ un mètre de profondeur (Hérault).

Extrait du triptyque
Symbiose
de Charlotte Rodon,
techniques mixtes
sur papier Arches,
360 x 330 cm, 2020.

Les racines, autres nourritures terrestres

Ce dernier chapitre propose un tour d'horizon des usages multiples des racines dans notre alimentation, et plus généralement dans nos cultures, pas seulement culinaires. Des usages très divers et parfois insoupçonnés... intrigants, mystérieux, voire mystiques. Et que dire de l'art radical ?

Couple de céleri-rave avec de grosses racines et de nombreuses cicatrices d'insertion du chevelu racinaire.

Des réserves nutritives

Les racines des plantes pérennes peuvent constituer des réserves de sucres, et parfois d'autres nutriments, qui pourront être remobilisées par la plante à un stade ultérieur de son développement, notamment, en milieu tempéré, pour assurer sa croissance au printemps avant l'émission des nouvelles feuilles. Leur richesse nutritionnelle est bien connue des animaux fouisseurs comme les sangliers. Elles constituent aussi des mets de choix pour l'alimentation humaine, permettant de couvrir une part significative de nos besoins énergétiques.

Mais, nous l'avons vu au chapitre 1, d'autres organes végétaux souterrains assurent cette même fonction de réserve et ne sont pas des racines, mais plutôt des tiges. Il en va ainsi de tubercules comme la pomme de terre, qui n'est pas une racine, alors que la patate douce en est une. Outre leur contenu élevé en sucres, la haute valeur nutritive des racines et leurs atouts pour l'alimentation humaine et animale tiennent à d'autres

Racines tubéreuses d'asphodèle.

Bâtons (racines ligneuses) de réglisse.

nutriments importants dont elles peuvent être des sources significatives : caroténoïdes ou autres vitamines, par exemple. Les patates douces à chair blanche ou orange, au-delà de cette différence de couleur, diffèrent ainsi sensiblement par leur valeur nutritionnelle.

Des friandises souterraines

Au printemps, les racines tubéreuses de l'asphodèle font le régal des sangliers qui, de leur groin particulièrement efficace, sont capables de les déterrer des sols les plus caillouteux de la garrigue. En plus de divers usages médicinaux, ces tubercules riches en amidon ont été également consommés par les humains, cuits sous la cendre, au moins depuis l'Antiquité gréco-romaine.

Il en va de même des bâtons de réglisse, qui ne sont autres que les racines d'une Fabacée méditerranéenne vivace de haute stature au nom scientifique évocateur : *Glycyrrhiza glabra*. Nom dont la racine (!) grecque (*glykýs* signifiant « doux » et *rhiza* « racine ») évoque le goût sucré qui a fait la renommée d'une marque de bonbons au slogan populaire : « C'est beau la vie, pour les grands et les petits ». Outre le zan et les rouleaux spiralés, la réglisse constitue aussi la paille du Mistral gagnant, sucrerie évoquée dans la chanson éponyme de Renaud. Beaucoup d'amateurs préféreront la simplicité du bâton de réglisse à mâcher, qui n'est rien d'autre qu'un tronçon brut de racine de réglisse. Cette plante entre également, parmi bien d'autres, dans la composition du célèbre pastis de Marseille. Dans le même registre des boissons très rafraîchissantes, mais sans alcool ni glaçons, le concentré liquide de réglisse à diluer dans l'eau est un sirop noir quelque peu tombé en désuétude dont le nom est l'anagramme d'anisette.

Les racines cultivées

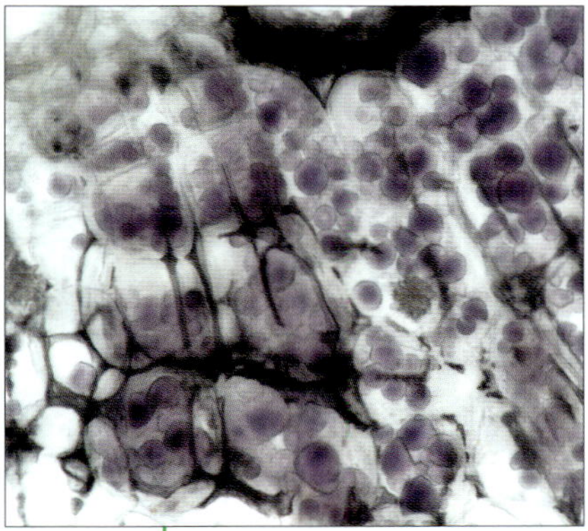

Grains d'amidon dans une racine de patate douce vue en coupe.

Selon les statistiques de la FAO (Organisation des Nations unies pour l'alimentation et l'agriculture), les racines occupent dans l'agriculture mondiale une place bien plus importante qu'il n'y paraît à première vue. Elles figurent dans le groupe des « racines et tubercules », même s'il convient d'en retrancher les pommes de terre, qui caracolent très largement en tête de ces cultures, avec leurs 375 millions de tonnes mondiales produites en 2022. Mais les racines sont aussi présentes dans d'autres groupes de commodités agricoles : parmi les « cultures sucrières » – bien que la betterave sucrière soit loin derrière la canne à sucre –, et bien sûr également parmi les « légumes ». S'ils n'en font pas des tonnes, comme la tomate (du haut de ses 186 millions de tonnes en 2022), les légumes-racines sont nombreux à ravir nos papilles.

Panais et carottes

Les Apiacées (anciennement Ombellifères) prennent une place particulière dans notre alimentation comme légumes, condiments ou épices. S'agissant d'espèces majoritairement bisannuelles, leur racine principale pivotante, lieu de mise en réserve de ces plantes pour passer l'hiver, est charnue. Dans le cas du panais, plus sucré mais aussi plus riche en vitamines et en minéraux que la carotte, la récolte se fait soit à l'automne, soit après l'hiver de la première année car, en cas de gel, le goût sucré du panais est exacerbé.

Le panais, qui a une couleur blanc ivoire, un goût de noisette et un arôme épicé, a longtemps compté parmi les légumes les plus cultivés en France, au moins depuis le haut Moyen Âge. Toutefois, dans les écrits anciens et jusqu'à la Renaissance, la distinction entre panais (*Pastinaca sativa*) et carotte (*Daucus carota* ssp. *sativus*), dont la morphologie est proche, n'a pas toujours été évidente. Le panais s'est clairement fait supplanter par la carotte dès que des variétés orange sont apparues en France, soit au cours du XIXe siècle. Il a progressivement été oublié, malgré un certain regain d'intérêt depuis deux décennies, au même titre que pour d'autres légumes « oubliés ».

Racines tubéreuses de panais.

La carotte est aujourd'hui le légume le plus cultivé dans le monde après la pomme de terre – laquelle, certes, est un tubercule de tige souterraine, mais est considérée comme un légume d'un point de vue botanique.

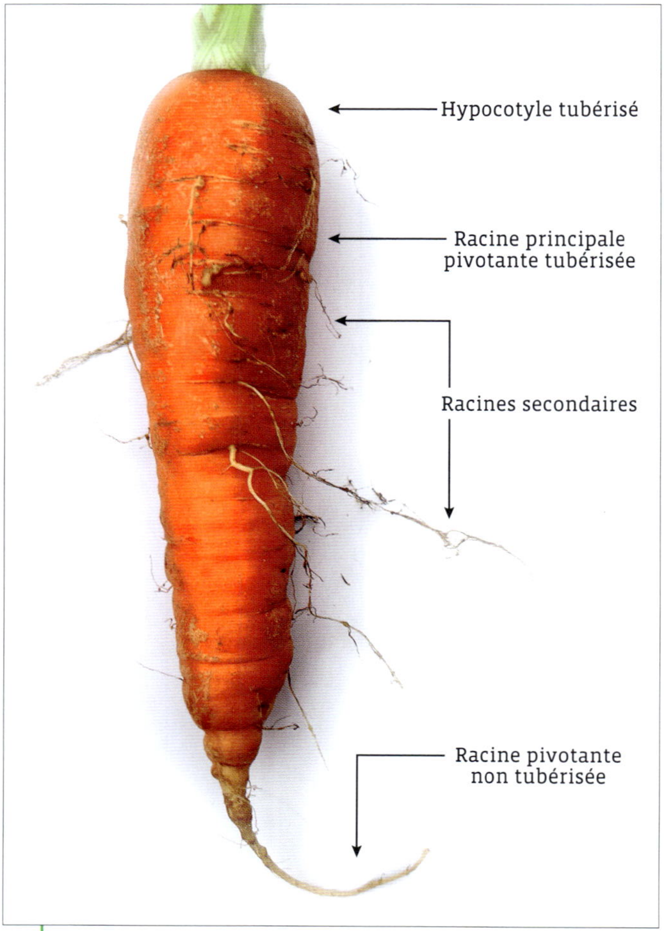

Une carotte, et les détails de sa morphologie, pas que racinaire.

Deux variétés de carotte se partagent le marché : celle de l'Ouest, la plus cultivée dans le monde, présente des couleurs orange, jaunes ou blanches, tandis que celle de l'Est, cultivée en Asie et notamment en Chine (premier producteur avec près de 50 % de la production mondiale de carottes), est de couleur violette, pourpre ou jaune.

Ce n'est, semble-t-il, qu'à la Renaissance qu'apparaît la carotte orange, en Hollande au XVIIe siècle. Séduisant par son caractère plus tendre et plus sucré, elle éclipsera progressivement les carottes jaunes et violettes qui dominaient jusqu'alors et avaient été introduites en Europe quelques siècles plus tôt, depuis l'Asie. La carotte orange semble avoir été sélectionnée à partir de la carotte cultivée jaune, et non pas de carottes sauvages comme le célèbre Vilmorin en avait fait l'hypothèse. Depuis, on lui prête de nombreuses « vertus », de rendre aimable à donner les fesses roses, mais l'une d'elles est attestée scientifiquement : sa richesse en bêta-carotène (provitamine A). Quant à l'expression « la carotte et le bâton », qui pourrait s'apparenter à première vue à « la racine et la tige », elle nous suggère qu'il est nécessaire d'apporter une ultime précision botanique. En effet, en toute rigueur, la partie supérieure de cet organe charnu n'est autre que l'hypocotyle, situé entre tige vraie et racine vraie, tandis que la partie inférieure correspond bien à la racine pivotante renflée. Celle-ci se distingue par l'existence de petites racines latérales. La carotte n'est donc que partiellement racine !

Parmi les Apiacées présentant une racine de réserve figure également le cerfeuil tubéreux, *Chaerophyllum bulbosum*. Ses racines, de taille modeste, ont un goût très fin de châtaigne, tout en étant plus juteuses que cette dernière. Sa production, principalement en Europe centrale, aux Pays-Bas, en Allemagne et en Alsace, est réduite, mais il est vendu à des prix élevés au moment des fêtes de Noël. Le cerfeuil tubéreux de Sibérie présente des racines plus grosses, mais un goût moins fin, proche de celui du panais.

Betterave, sucrière ou non

La betterave (*Beta vulgaris*) est une espèce de la famille des Chénopodiacées (aujourd'hui Amaranthacées) dont la racine pivotante particulièrement charnue trouve de multiples débouchés en alimentation humaine et animale, mais aussi en production de biocarburants alternatifs aux énergies fossiles, comme le bioéthanol. C'est une plante bisannuelle qui dédie sa première année à sa croissance végétative et à la constitution de ses réserves en sucres, qu'elle localise dans sa racine, pour les remobiliser l'année suivante en vue de sa reproduction.

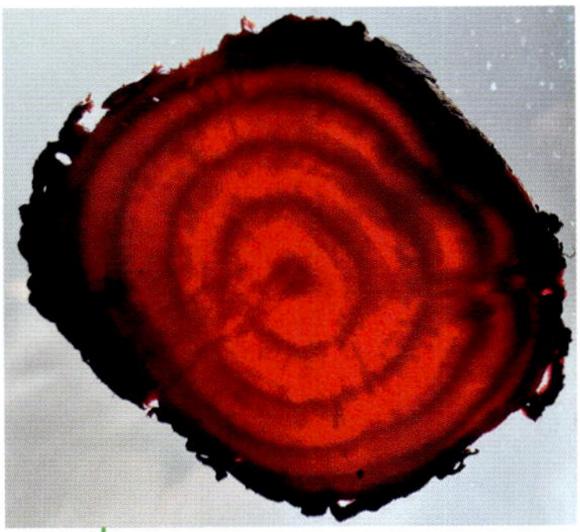

Betterave rouge en coupe transversale, tout en nuances.

La plus grande partie de la production agricole de betterave concerne la betterave sucrière, archétype de l'agriculture industrielle du quart nord-est de la France et d'Europe septentrionale. Dans le cas des betteraves fourragères, c'est toute la plante qui est récoltée, parties aériennes comprises, mais les animaux d'élevage sont clairement plus intéressés par la richesse en amidon de la partie racinaire. Enfin, une infime partie de la production de betteraves en racine brute, crue ou cuite, destinée à l'alimentation humaine, relève du maraîchage. Cette betterave de table est connue pour sa couleur rouge violacé intense, mais il existe une gamme de couleurs, du blanc à l'orangé, en passant par le jaune ou le rose, voire de jolies variétés bicolores. Une autre de ses caractéristiques est son goût terreux, qui tend à disparaître quelque peu à la cuisson, et qui fait que la betterave ne plaît pas à tout le monde. Ce goût est lié à la géosmine, un composé volatil produit par des bactéries du sol du genre *Streptomyces*.

Rave(s), parties souterraines !

Il existe de multiples exemples de légumes-racines dans la grande famille des Brassicacées, comme les choux-raves et la rave du Limousin. La part vraiment racinaire de ces plantes est relative, et souvent plus volumineuse chez les formes allongées, alors qu'elle peut être très réduite chez les formes les plus rondes ou aplaties comme le chou-rave. Cette famille comprend en outre des navets de toutes formes et couleurs : le navet jaune plutôt rond, le navet bicolore blanc et mauve, le navet long de Croissy qui est plutôt blanc, tandis que le noir long de Caluire est… noir, tout comme le délicieux navet de Pardailhan qui lui est apparenté. On trouve dans un ancien ouvrage d'agronomie que ce dernier doit sa saveur douce, évoquant noisette et pignon, au « terrain maigre, sablonneux, souvent ferrugineux et rougeâtre, dans lequel il végète ».

Dans cette même famille il y a aussi le rutabaga, un navet originaire de Scandinavie, dont l'étymologie suédoise désigne une racine-boule. Rustique et se conservant bien en hiver, il a été consommé jusqu'à l'écœurement en Europe, et particulièrement en Allemagne, pendant les deux guerres mondiales. Un autre légume oublié partage un certain nombre de vertus avec le rutabaga, bien que nettement plus savoureux : le topinambour, au goût proche de l'artichaut, originaire d'Amérique du Nord et aussi nommé « truffe du Canada ». Mais ce tubercule-ci n'est pas une racine, et encore moins un champignon, mais un rhizome d'une espèce du même genre que le tournesol, dans la famille des Astéracées ; il en présente d'ailleurs tous les signes distinctifs, avec ses écailles roses bien marquées à l'insertion des nœuds qui donneront des tiges. Il n'est donc pas tout à fait de la *rave party*.

Navets
de Pardailhan.

En revanche, les Brassicacées comptent un autre grand groupe pleinement partie prenante, et étymologiquement proche de sa racine latine : *radix* signifie à la fois racine et radis, et le nom français de radis qui désigne ce genre en est directement dérivé. Pourtant, c'est le nom latin du radis, dérivé du grec (on y perdrait son latin !), qui a été adopté pour qualifier ce genre botanique : *Raphanus*. Le genre compte plusieurs espèces : *R. sativus*, *R. niger*, *R. sinensis* ou encore *R. acanthiformis*, notamment. On les range aussi par groupes selon leur taille. Ainsi, *R. acanthiformis* appartient au groupe Daïkon, qui signifie « grosse racine » en japonais. On peut aussi les distinguer par leur couleur externe : blanche, verte, noire, rouge ; cependant, ils ont presque toujours la chair blanche.

Certains sont gros et longs, en particulier *R. niger*, d'autres sont petits et appartiennent au groupe Minor de *R. sativus*. Parmi eux, certains sont tout ronds et leurs consommateurs ont des préférences culturelles nettement marquées sur leurs formes et leurs couleurs ! À l'instar des carottes, ils ont tous en commun de n'être que partiellement des racines, la partie supérieure correspondant en fait à l'hypocotyle, d'ailleurs souvent visible en dehors du sol.

Voyage, voyage...

Pour quelques espèces végétales, les racines sont devenues une ressource précieuse et unique en son genre, parfois même emblématique de peuples autochtones, encore qualifiés d'« indigènes », de « premiers » ou... de « racines ». Il s'agit en particulier du manioc et du taro, autour desquels se sont bâties de véritables civilisations dans de vastes espaces tropicaux. Plus proches de la culture occidentale, quelques racines ont été également source d'inspiration mystique, comme la mandragore.

Tubercules de manioc (Brésil).

La transatlantique du manioc

La grande famille des Euphorbiacées compte le genre *Manihot*, qui a pour origine l'Amérique latine. Celui-ci rassemble une centaine d'espèces qui produisent toutes du latex (dont on tire, pour certaines, du caoutchouc), suc végétal toxique, et, souvent, des racines tubérisées. Le manioc est l'espèce la plus exploitée. Ses tubercules se forment à partir de 5 à 10 racines adventives, et peuvent atteindre jusqu'à 1 m de longueur pour un diamètre de 15 cm. Ils sont riches en cyanure, créé sous l'action d'une enzyme à partir de deux glucosides qu'ils contiennent en abondance, la linamarine et la lotaustraline. Effet répulsif garanti, un bon remède contre les ravageurs !

Il peut paraître étonnant que les racines de manioc aient pris une telle place dans l'alimentation de nombreux peuples autochtones et, comme nous le verrons, bien au-delà du vaste contexte de l'Amazonie dont cette plante est originaire. De son premier voyage, en 1492, dans les îles des Caraïbes, Christophe Colomb rapporte que les Indiens font du pain avec une farine obtenue à partir de racines cultivées. C'est environ un siècle plus tard que le manioc sera introduit par les Portugais dans leurs comptoirs africains, et il se répandra ensuite rapidement sur la côte de l'Afrique de l'Ouest, puis sur le continent dans la seconde moitié du XIXe siècle.

Préparation du manioc (Brésil).

Sa rusticité et sa résistance aux ravageurs comme les criquets ont contribué à son succès pour faire face aux risques récurrents de famine en Afrique, mais son introduction a aussi été source de fréquentes intoxications, du fait de la nécessité de maîtriser sa préparation pour éliminer toute trace de cyanure. Les tubercules doivent subir une phase de lavage ou de fermentation, puis une cuisson. Ils sont parfois cuits entiers, mais le plus souvent les préparations sont dérivées de farines ou de semoules obtenues en râpant ou en pilant les racines de manioc crues. Plante nourricière essentielle dans les cultures des peuples amazoniens ou caribéens, le manioc a longtemps été considéré comme un don des dieux ou comme une manifestation divine. Il est produit et consommé aux Antilles et en Amérique latine comme en Asie du Sud-Est, mais plus de la moitié de la production mondiale de manioc provient aujourd'hui d'Afrique, une belle percée transatlantique.

Le taro, voyageur du Pacifique

Champ de taro (Mélanésie).

Comme son nom latin l'indique, le taro (*Colocasia esculenta*) est originaire d'Asie. C'est une plante herbacée de la famille des Aracées (dont font partie les arums), adaptée aux milieux humides. Elle se reproduit surtout à l'état végétatif à partir de ses tubercules, dont les plus gros atteignent 30 cm de longueur et 15 cm de diamètre. Il s'agit en réalité d'un corme, tige souterraine renflée (comme chez le crocus) présentant des écailles moins charnues que dans le cas des bulbes, et dont partent de nombreuses racines adventives. Sa culture nécessite de l'eau en abondance.

On en a découvert des traces anciennes, datant de 4 500 ans avant J.-C., dans des fossés inondés de Nouvelle-Guinée. L'hypothèse a été formulée que sa culture aurait précédé celle du riz, ce dernier ayant colonisé en qualité d'adventice les fossés où poussait le taro ! La facilité de transport et de plantation de ses organes végétatifs, combinée à sa valeur nutritionnelle, explique la place centrale du taro dans la culture des peuples mélanésiens et polynésiens, à la conquête des îles les plus isolées du Pacifique. Plus voyageur encore que le manioc, le taro avait l'avantage de ne pas nécessiter, en dehors de la cuisson, de préparation particulière, excepté pour certaines variétés polynésiennes très riches en oxalate de calcium (irritant les muqueuses et les intestins et susceptible de causer des calculs rénaux). Traditionnellement, il est cuit sous des pierres ou à l'étuvée dans ses feuilles, avant d'être réduit en purée. Sa chair s'apparente à celle de la pomme de terre, et il peut avoir un goût qui se rapproche de la châtaigne. Sa production est toutefois aujourd'hui marginale en comparaison du manioc, car il est moins résistant aux maladies et nécessite plus d'eau, et donc plus de soins lorsqu'il est cultivé en tarodières irriguées.

Des racines de toutes les couleurs

Une affaire de pigments

Depuis la publication du roman éponyme de Jules Renard, l'expression « poil de carotte » est utilisée pour qualifier une belle chevelure rousse. C'est dire à quel point le roux est associé aux carottes dans l'imaginaire collectif, en France et dans une large part du monde occidental, depuis que la carotte, principalement orange, y est consommée. Pourtant, comme nous l'avons vu, il existe depuis fort longtemps des carottes de toutes les couleurs. Il est d'ailleurs bien difficile de situer l'apparition exacte des carottes de couleur orange grâce aux écrits anciens, compte tenu, d'une part, de la large palette de couleurs possibles de ce légume et, d'autre part, de la perception personnelle des auteurs.

Le vendeur de fruits et légumes, peinture à l'huile de J. Wtewael (1618), première représentation de carottes orange, à une époque où on les consommait blanches, jaunes et violettes.

LE SAVIEZ-VOUS ?

Les pigments comme les caroténoïdes ou les anthocyanes ont une fonction de photoprotection (contre les dégâts causés par les rayonnements ultraviolets) qui peut paraître assez peu utile dans des organes souterrains comme les racines de carotte. Mais de nombreuses autres fonctions expliquent leur accumulation. En particulier, les anthocyanes ayant des vertus antibactériennes et antifongiques, elles sont d'efficaces composés de défense contre de nombreux bioagresseurs.

Ce qui est sûr, c'est que leur couleur dépend des pigments synthétisés dans les tissus racinaires : s'il s'agit de caroténoïdes, les carottes sont orange, mais, suivant leur teneur en bêta-carotène, elles peuvent tout aussi bien être jaunes, voire blanches. S'il s'agit au contraire d'anthocyanes, elles sont violettes, allant du rouge, pourpre ou violet au noir suivant l'intensité de la pigmentation. C'est grâce à un tableau du peintre flamand Joachim Wtewael, daté de 1618 et montrant une femme qui achète des légumes au marché d'Utrecht, qu'on peut affirmer que, dès cette époque, les carottes orange étaient bien consommées en Europe occidentale !

Aujourd'hui, on distingue deux grands types de carottes orange sur le marché français : la Nantaise, de forme cylindrique et de calibre moyen, et la Fontenay, de forme conique et de plus gros calibre. Leur goût est plus doux que celui des carottes blanches, jaunes ou violettes. Ces dernières peuvent colorer fortement leur eau de cuisson, ou les ragoûts dans lesquels elles sont cuites. Dans ce cas, on peut dire que les carottes sont cuites dans un bain de sang… Ce qui ne ragoûte pas tout le monde.

La patate douce (*Ipomoea batatas*), qui est, en tonnage produit, la deuxième racine (juste après le manioc) et la septième des productions agricoles mondiales, s'offre aussi une large gamme de couleurs en fonction des pigments qu'elle contient. La couleur de sa peau varie de blanchâtre à violet, en passant par plein de nuances du jaune à l'orangé, au rose et au rouge, tandis que sa chair offre une palette plus restreinte, du blanc au jaune et à l'orange. Certaines variétés sont plus riches en amidon ; d'autres, contenant plutôt des dextrines, sont bien plus sucrées, avec un goût proche de la châtaigne. Parmi ces dernières, les patates douces à la chair jaune ou orangée (du fait de l'abondance du bêta-carotène) ont un goût qui les rapproche plutôt de la carotte. Glacées, elles accompagnent la dinde pour Thanksgiving aux États-Unis.

Grains d'amidon dans une coupe de racine de patate douce. (épifluorescence après coloration au réactif de Schiff).

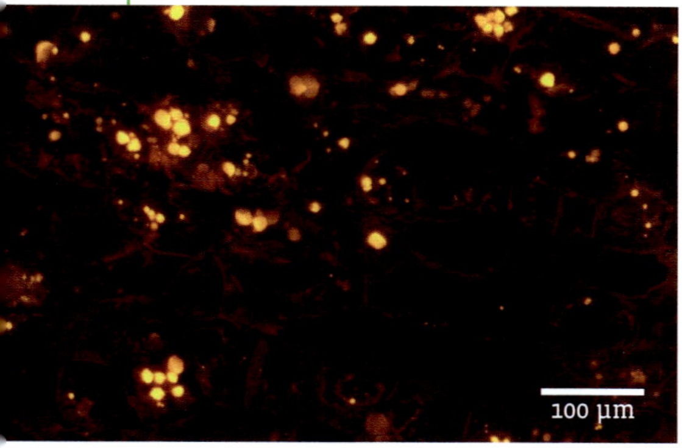

La patate douce mériterait d'avoir une plus grande place dans l'agriculture et l'alimentation européenne, compte tenu de ses propriétés agronomiques et nutritionnelles. Elle a une forte productivité et peut s'accommoder de types de sols variés, mais elle requiert un climat chaud qui restreint ses possibilités de culture au sud de l'Europe. Comparativement à la pomme de terre, elle présente un index glycémique plus faible et est bien plus riche en fibres. Enfin, les anthocyanes et le bêta-carotène lui apportent plein de vitamines et d'antioxydants, un autre atout !

Verdâtre wasabi et sa pâle imitation

Radis multicolores, pour satisfaire tous les goûts, visuellement parlant !

Qui ne s'est pas fait surprendre par le goût piquant d'une petite boule verdâtre dans une assiette japonaise ? Le wasabi (*Eutrema japonicum*) est une plante de bord de rivière, compliquée à cultiver, de sorte que sa production reste confidentielle. C'est à la fois sa racine et la base de sa tige épaisse, d'où partent les étages successifs de longues feuilles, qui sont râpées pour produire le vrai wasabi au Japon. Il est naturellement vert, et doit son piquant à un composé volatil, l'isothiocyanate d'allyle, produit à partir d'un glucosinolate dont la fonction première est de repousser les herbivores.

La majorité du wasabi consommé en France n'en est pas. Sa version française, et plus précisément alsacienne, n'est autre que le raifort (*Armoracia rusticana*), ce radis particulièrement apprécié dans le nord-est de la France dont on utilise la longue racine incolore pour sa richesse en glucosinolates, responsables de son goût piquant. Pour le travestir en wasabi, il faut ajouter un colorant alimentaire au raifort râpé. C'est le moment de rappeler que les radis ne sont pas tous de vraies racines ! Le radis noir et le raifort en sont, mais ce n'est pas le cas du wasabi et des radis rouges, qui n'en sont que partiellement, car constitués d'un hypocotyle tubérisé qui se prolonge par la racine tubérisée. S'ils ont cette couleur, c'est parce qu'ils poussent en bonne partie au-dessus du sol ; en fait, leur hypocotyle est tubérisé, et seule son extrémité est la racine.

Cette coloration en rouge tient à la présence de pigments de la famille des anthocyanes, dont on a vu le rôle photoprotecteur et de composé défensif : il est donc assez logique que, chez de nombreux radis, ce soit la partie au-dessus du sol qui soit colorée en rouge. Il existe toutefois des variétés de radis rouges dont la coloration s'étend à toute la portion souterraine, y compris la partie non renflée de la racine principale ! De même pour la couleur verte du wasabi, qui s'étend bien jusqu'à l'extrémité de sa racine non exposée à la lumière. Le mystère des colorations végétales…

Radis violet en coupe (diamètre : 10 cm) où les faisceaux vasculaires sont entourés de cellules chargées en anthocyanes.

Garance des teinturiers (plante avec racine), planche botanique du XVIIIe siècle.

Autre voyage au pays des couleurs

La garance des teinturiers, au nom évocateur, a avant tout été longtemps utilisée pour les pigments extraits de ses racines : cette Rubiacée vivace produit dans ses parties souterraines de l'alizarine et de la purpurine, qui coloraient en rouge vif les tissus. Sa culture remonte à au moins 3 000 ans en Inde, et elle était connue des Grecs et des Romains pour ses vertus colorantes. En France, c'est particulièrement au XVIIIe et plus encore au XIXe siècle que sa culture s'est développée, avant d'être concurrencée par les colorants de synthèse. Elle a connu son heure de gloire principalement dans le Vaucluse, entre 1840 et 1860, atteignant 13 500 ha de plantations et environ 65 % de la production mondiale. Pour extraire ce colorant, les racines récoltées dans la 3e année de culture étaient séchées puis broyées en poudre fine. On comptait alors une cinquantaine de moulins à garance dans le Vaucluse, mais plus qu'un seul en 1880 !

Les racines qui ne se mangent pas

Les racines de la garance des teinturiers (*Rubia tinctorum*) et de la garance voyageuse (*R. peregrina*) ne sont pas utilisées en alimentation humaine. Ayant en commun des propriétés diurétiques, laxatives et toniques, elles font partie de la pharmacopée, de même que maintes autres racines accumulant des métabolites d'intérêt. Ainsi, la teinture mère de garance des teinturiers était utilisée pour traiter de problèmes d'insuffisance biliaire ou de calculs rénaux, du fait de son contenu en acide rubérythrique – encore un composé de couleur rouge.

Avant de les manger par la racine, sachez que les pissenlits ont des côtés très positifs pour la santé humaine. Leurs vertus diurétiques transparaissent assez clairement dans leur nom, d'ailleurs. Leurs racines peuvent stimuler la digestion en favorisant la production biliaire, et on leur prête bien d'autres qualités. La panacée, quoi ! Outre les applications médicinales, les racines de nombreuses espèces végétales ont été employées pour de multiples autres bienfaits, comme nous allons le voir.

Médicament ou poison

Chez certaines espèces végétales, outre des sucres, les racines sont le lieu d'accumulation de métabolites secondaires dont certains sont de violents poisons. Nous avons vu précédemment le cas du manioc, et il existe bien d'autres exemples, y compris parmi les espèces végétales tempérées. Souvent, employés aux bonnes doses, les poisons trouvent des applications médicinales multiples, c'est pourquoi certaines racines toxiques figurent aussi dans notre pharmacopée depuis longtemps.

Mandragore, mysticisme et fantasmagories

La mandragore (*Mandragora officinarum*) est une plante vivace d'environ 30 cm de la famille des Solanacées, proche de la belladone, avec qui elle a en commun sa richesse en alcaloïdes. Sa singularité est de présenter une racine pivotante lignifiée atteignant 1 m et pesant plusieurs kilogrammes aux allures anthropomorphiques. Ceci a engendré bien des fantasmes et des superstitions dans des cultures très différentes. On peut en effet voir dans ses ramifications une forme humaine, avec un tronc et des jambes, voire plus avec un peu d'imagination, comme l'attestent de nombreuses représentations. Sa richesse en alcaloïdes psychotropes comme l'atropine, l'hyoscyamine ou la scopolamine, qui a constitué le premier sérum de vérité, explique tout autant que sa morphologie la fascination qu'elle a exercée de tout temps sur les humains. En découle pour cette plante une place de choix dans la pharmacopée, en lien avec ses propriétés sédatives, antispasmodiques ou anti-inflammatoires — non démontrées scientifiquement —, mais aussi et surtout hypnotiques, hallucinogènes et narcotiques ou toxiques.

Mais, outre ses usages médicinaux, cette racine particulière a été associée à des rituels magiques et à toutes sortes de croyances dès l'Antiquité. Ainsi, le célèbre Hippocrate conseillait « aux gens tristes, malades et qui veulent s'étrangler » de boire une préparation à base de racine de mandragore « à dose moindre qu'il n'en faudrait pour causer le délire ». Au Moyen Âge, des femmes qui pratiquaient la sorcellerie s'enduisaient muqueuses et aisselles d'un onguent à base de mandragore pour entrer en transe. Et on recommandait aux cueilleurs de se boucher les oreilles en déterrant la plante, car les cris effroyables qu'elle poussait alors pouvaient rendre fou et déclencher la mort. Une légende partiellement reprise dans *La Chambre des secrets*, lorsque Harry Potter et ses compères se munissent de cache-oreilles pour rempoter de jeunes plants de mandragore et ne pas entendre leurs cris stridents.

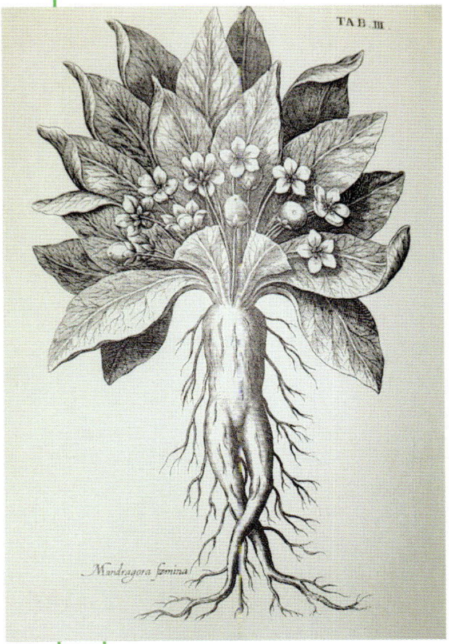

Mandragora femina, gravure de Matthaüs Merian, début du XVIIIe siècle : une silhouette de sorcière dans une racine de mandragore.

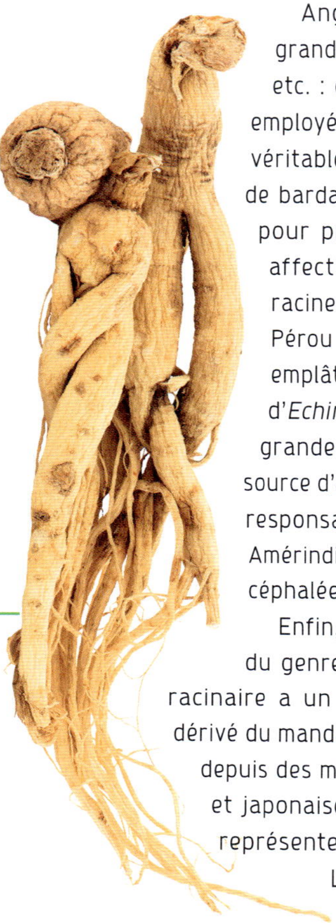

Racines de ginseng d'allure anthropomorphique.

Angélique, benoîte commune, cardère sauvage, grande consoude, ortie, saponaire, valériane officinale, etc. : on peut faire des plantes dont les racines sont employées en herboristerie à des fins très diverses un véritable abécédaire. Ainsi, l'huile extraite de la racine de bardane (*Arctium* sp.) est utilisée en lotion capillaire pour prévenir la calvitie, ou pour lutter contre des affections cutanées comme l'acné ou le psoriasis. La racine tubéreuse de la belle-de-nuit, ou merveille du Pérou (*Mirabilis jalapa*), est utilisée en Guadeloupe en emplâtre pour soigner les entorses. Racines et rhizomes d'*Echinacea purpurea*, une magnifique Astéracée des grandes plaines d'Amérique du Nord, constituent une source d'alcaloïdes et de composés phénoliques sans doute responsables d'effets pharmacologiques reconnus : les Amérindiens en mâchaient les racines pour se prémunir des céphalées, des rhumes et autres infections respiratoires.

Enfin, le ginseng, qui correspond à plusieurs espèces du genre *Panax*, est une autre plante dont le système racinaire a un aspect anthropomorphe. Son nom commun, dérivé du mandarin, signifie d'ailleurs « homme racine ». Utilisé depuis des millénaires dans les médecines chinoise, coréenne et japonaise pour son action tonique et aphrodisiaque, il représente un des piliers de la pharmacopée asiatique. Les ginsénosides que ses racines contiennent sont des saponines dont les effets anti-inflammatoires et antioxydants ont été démontrés. Le ginseng est utilisé dans des boissons énergisantes, et les Coréens lui prêtent même, sous la forme d'une liqueur alcoolisée, une vertu « anti-gueule de bois » ! Pour finir dans un autre registre, la racine de la guimauve officinale (*Althaea officinalis*) est connue depuis l'Antiquité pour adoucir les maux de gorge et soigner la toux. Cultivée au moins depuis le IXe siècle, elle produit en abondance un mucilage à partir duquel sont fabriqués sirops et pâtes, dont la célèbre friandise.

Le bâton de guimauve était autrefois donné aux bébés pour soulager la percée des dents de lait : ce n'était autre qu'une racine de guimauve épluchée. Aujourd'hui, guimauve ou *marshmallow* (son nom anglais, littéralement « mauve des marais ») ne sont plus fabriqués à partir des racines épaisses de cette petite plante de la famille des Malvacées.

Les racines, sources de parfums et d'épices

Les racines de nombreuses espèces végétales exhalent des odeurs particulières liées aux métabolites secondaires qu'elles produisent, mais très peu d'entre elles sont utilisées en parfumerie. Parmi ces rares plantes figure le vétiver, dont les racines particulièrement abondantes ont de multiples vertus. Il s'agit en fait de plusieurs espèces du genre *Chrysopogon* qui forment des touffes, comme beaucoup d'autres membres de la famille des Poacées, mais qui ont la particularité de développer un système racinaire densément fasciculé jusqu'à des profondeurs de 3 à 4 m en une année.

Leurs racines sont très parfumées et, après distillation, produisent une essence résineuse épaisse appartenant à la famille olfactive des parfums boisés. C'est le parfumeur Jean-Paul Guerlain qui, en 1959, a donné au vétiver ses lettres de noblesse en créant un célèbre parfum pour homme portant le nom de cette plante aux fragrantes racines. En outre, parmi les métabolites secondaires produits en abondance par les racines de vétiver, figurent des terpènes qui ont des propriétés insecticides. De petits fagots de ces racines sont ainsi fréquemment utilisés pour combattre les mites.

Fagots parfumés de racines de vétiver au marché des Arceaux (Montpellier).

Dans la famille des Zingibéracées, le gingembre (*Zingiber officinale*), originaire d'Inde et de Chine australe, et son cousin le curcuma (*Curcuma longa*) – appelé « gingembre-safran » à la Réunion, où il est abondamment cultivé – présentent des organes souterrains qui produisent les épices que nous connaissons et des huiles essentielles utilisées en parfumerie. Celles-ci contiennent des composés odorants qui leur sont propres, comme le zingibérène et le curcumène. Mais il est important de rappeler qu'il ne s'agit pas vraiment de racines : c'est principalement dans le rhizome que sont synthétisés ces terpènes donnant la saveur épicée et piquante du gingembre ou le colorant alimentaire qu'est le curcuma. Enfin, du rhizome aux tons jaune vif de *Boesenbergia rotunda*, une espèce du Sud-Est asiatique, partent une dizaine de longues racines tubéreuses surnommées *finger roots*, et qui sont également utilisées comme épice.

LE SAVIEZ-VOUS ?

En Asie du Sud-Est, le vétiver est très utilisé pour lutter efficacement contre l'érosion des sols et stabiliser les talus ou les digues. En effet, le tressage naturel de son puissant système racinaire agit comme un entrelacs de fers à béton. C'est pourquoi le roi Bhumibol Adulyadej, qui était très attaché aux enjeux de conservation des sols et de l'eau et a régné soixante-dix ans en Thaïlande, avait promu la plantation à grande échelle du vétiver, qualifié d'« herbe miracle ».

Plantation de vétiver en bordure de talus.

Les racines qui se boivent

Outre les très sains jus de carotte ou de betterave qui font le bonheur et la couleur de nombreux mocktails « détox », ou la chicorée en poudre comme substitut au café, les racines de nombreuses plantes étant riches en sucres, leur fermentation a souvent été à l'origine de boissons alcooliques. Nous avons déjà mentionné les multiples dérivés des racines de réglisse, alcoolisés (pastis) ou non.

Poussant en montagne, la gentiane jaune (*Gentiana lutea*) est connue de tous les marcheurs pour ses feuilles et ses inflorescences de taille conséquente. Elle peut vivre jusqu'à 50 ans et dispose d'énormes racines de réserve susceptibles de dépasser 5 kg. Les déterrer nécessite des outils appropriés, comme la « fourche du diable » à deux dents. Son attrait réside dans son amertume et ses propriétés coupe-soif. En Auvergne, elle a donné lieu à de célèbres boissons apéritives qui ont eu leur heure de gloire, et ce n'est sans doute pas fini.

Il existe aussi de faux amis qui ont la vedette sur les étals : parmi les boissons non alcoolisées, la *root beer* figure aujourd'hui en bonne place pour nous rafraîchir, et n'est autre que de la *ginger beer*, à base d'un rhizome nommé « gingembre ». Mélangée à 56 plantes dans le cocktail allemand Jägermeister, la *root beer* donne même le fameux cocktail « Root 56 ».

Canette de racinette (*root beer*) au Canada.

Le Québec détient, quant à lui, une authentique bière de racine appelée « racinette », produite à partir de l'écorce aromatique des racines de laurier des Iroquois (du genre *Sassafras*). L'huile essentielle contenue dans ses racines, l'héliotropine, n'est autre que le précurseur principal de l'ecstasy, ou MDMA. Mais la plante championne du genre occupe une place majeure et historique dans la culture de nombreux peuples d'Océanie, et il s'agit d'une espèce de… poivrier ! Les racines de *Piper methysticum*, après avoir été mâchées puis fermentées, donnent le fameux kava, un puissant psychotrope. Au Vanuatu et dans de nombreuses îles de Mélanésie, la consommation de cette boisson est un rite masculin célébrant des étapes importantes de la vie, individuelle ou communautaire.

De l'art et pas de cochon !

Les racines sont assez présentes dans l'art plastique, du plus figuratif au plus abstrait. Ainsi, le dernier tableau peint par Vincent Van Gogh, achevé le jour même où il s'est suicidé, est intitulé sobrement *Racines*.

Racines, huile sur toile de V. Van Gogh, 1890.

Aux Pays-Bas, Diana Scherer est devenue célèbre voici une dizaine d'années à la suite de son exposition *Interwoven*. Les œuvres exposées, réalisées par tissage de racines vivantes, représentaient des structures et des tissus racinaires, illustrant les interactions entre culture et nature. Plus contemporain, le Mexicain Luis Díaz Gordoa s'est inspiré des travaux d'un scientifique spécialiste d'anatomie racinaire pour représenter de manière très stylisée des motifs géométriques révélés par l'observation au microscope de coupes transversales de racines. Un peu plus près de nous, en Auvergne, le travail remarquable de l'artiste française Charlotte Rodon nous invite à « voyager dans les profondeurs du vivant », à travers ses magnifiques dessins à l'encre et autres techniques mixtes, qui se veulent autant pédagogiques qu'esthétiques dans la représentation des racines, de la rhizosphère et du sol.

Enfin, l'artisanat recèle de nombreuses créations dont les racines sont le matériau. Les fantaisies racinaires sont abondamment utilisées en ébénisterie ou en marqueterie (placages en ronces de noyer, notamment). Les fibres de bois torsadées et enchevêtrées de façon très compacte au niveau des jointures du pivot, à la souche des noyers, confèrent dureté et esthétique aux pièces de bois qui en sont tirées.

Ronce de genévrier oxycèdre (cade) enserrant une pierre (encerclée).

Par leur architecture singulière en 3D, les systèmes racinaires sont aussi propices à inspirer les sculpteurs. Ainsi, l'artiste coréen Sun-Hyuk Kim réalise des sculptures en acier inoxydable représentant des formes humaines à l'aide de structures naturelles assemblées, le plus souvent des branches d'arbres, mais aussi parfois des systèmes racinaires enchevêtrés.

Mais l'art n'est-il pas dans la nature ? Ouvrons les yeux ! Karyne Lamouille (Kalamity K), créatrice de bijoux et photographe à Pézenas, nous y invite avec son poinçon de fabricant, la feuille-racine, symbole d'un lien vivant entre ciel et terre. Dans son imaginaire, « la feuille s'élève vers la lumière, porteuse de nature et de spiritualité, tandis que les racines s'ancrent profondément dans la terre, gardiennes de la mémoire, des ancêtres et des origines. Ensemble, elles racontent l'équilibre fragile mais nécessaire entre l'élan et l'ancrage, entre ce qui grandit et ce qui demeure… », soit l'appartenance à une communauté du vivant, humaine et non humaine.

Représentation stylisée d'une plante avec son système racinaire, le poinçon de fabricante de Karyne Lamouille.

Têtes barbues sculptées, artisanat traditionnel vietnamien utilisant les racines adventives abondantes émises au niveau des nœuds des tiges de bambou.

Pont-racines à deux étages à Ramday (Inde), une sculpture vivante.

Nos plantes ont des racines, comme nous...

Prouesses des racines pour ancrer ce chêne dans la pente et explorer les moindres anfractuosités du substrat rocheux.

Le plus souvent invisibles, elles n'en sont pas moins essentielles à la vie sur Terre. On aurait un peu trop tendance à les oublier...

Les racines assurent nombre de fonctions vitales pour les plantes et, au-delà, pour les écosystèmes terrestres. Elles contribuent ainsi à des services écosystémiques insoupçonnés, mais non moins fondamentaux, services que les écosystèmes rendent aux sociétés humaines.

Les racines permettent avant tout aux plantes l'accès aux ressources en eau et en nutriments majeurs, en complément du carbone qui est assimilé par les feuilles *via* la photosynthèse. Grâce à celle-ci, les végétaux, producteurs primaires des écosystèmes, sont à la base des chaînes trophiques terrestres. Mais la photosynthèse et toute la machinerie végétale requièrent de l'eau et des éléments minéraux puisés par les racines, le plus souvent dans le sol, pour que les diverses molécules organiques constituant les végétaux puissent être synthétisées.

Ces plantes seront au menu d'autres organismes vivants situés aux maillons supérieurs des réseaux trophiques, dont les humains font partie. Directement ou indirectement, en alimentant la plante en eau et en nutriments, les racines constituent ainsi le fondement de notre propre alimentation. Et, puisqu'il n'y a pas lieu de raisonner de façon aussi anthropocentrée, cette fonction clé vaut pour l'ensemble des organismes vivants des écosystèmes terrestres, les consommateurs autant que les microorganismes décomposeurs.

Autre fonction capitale des racines : assurer l'ancrage des plantes, le plus souvent dans le sol, et quelquefois sur un autre support moins accueillant, la surface d'une roche ou une fissure, un tronc ou une branche pour les épiphytes. Cette fonction scelle le sort de la plante à l'endroit où sa graine a germé : une condition bien plus exigeante que celle des animaux, qui peuvent se mouvoir, au besoin, vers des environnements plus favorables.

Les végétaux terrestres sont dépourvus de cette faculté. C'est peut-être pour cette raison qu'on a longtemps considéré que les plantes étaient contraintes de subir leur environnement. En effet, si, à l'échelle planétaire, les plantes jouent un rôle fondamental dans la composition de l'atmosphère et la régulation du climat *via* la photosynthèse et la transpiration, elles ont peu de possibilités de contrôle des conditions locales de leur environnement aérien. Mais dans leur environnement souterrain, il en va tout autrement : c'est une question de survie ! Dans le sol, où les racines ont affaire à de multiples contraintes, elles mettent en œuvre diverses stratégies pour les déjouer. La première repose sur leur capacité d'exploration : les racines n'ont de cesse de croître et de prospecter plus avant, ou plus profond, le sol qui les environne, pour acquérir l'eau et les nutriments qu'il recèle, et qu'il retient souvent fortement ! Alors que la plante est immobile, voire qu'elle entre en dormance ou que ses parties aériennes, ses feuilles notamment, sont déclarées mortes, ses racines demeurent actives, à la recherche de nouvelles ressources. Pour y parvenir, elles déploient une seconde stratégie : modifier les propriétés physiques de leur environnement ; elles déplacent les particules de sol, les agrègent, et creusent des biopores, façonnant la structure du sol et, par suite, la circulation de l'air, de l'eau et des autres organismes telluriques.

Nodosités sur une racine de Fabacée.

Les racines façonnent également leur environnement chimique et biotique en modifiant la disponibilité des nutriments ou le pH du sol et en libérant toutes sortes de molécules organiques qui stimulent les communautés microbiennes : cet effet rhizosphère permet à la plante de sélectionner un microbiote qui sera capital pour la régulation de sa nutrition et de sa santé. De nombreuses espèces végétales vivent en symbiose avec des champignons mycorhiziens ou avec des bactéries fixatrices d'azote qui forment des organes spécifiques au niveau racinaire, fruit d'un dialogue moléculaire bien établi. Quant aux interactions des racines avec la faune du sol, encore peu étudiées, elles semblent tout aussi diverses et fascinantes.

Par l'entremise de leurs systèmes racinaires, les plantes sont donc de véritables ingénieurs de l'écosystème, ayant une action décisive dans des processus comme les cycles biogéochimiques des nutriments et la création d'habitats variés propices à la biodiversité. Autre atout peu connu des racines, ce sont elles, et non pas les tiges ou les feuilles, qui constituent la principale voie d'entrée du carbone dans les sols : en injectant en profondeur le carbone organique qu'elles contiennent, elles jouent un rôle de première importance dans le stockage de carbone dans le sol et, ainsi, dans l'atténuation du changement climatique. Par leurs facultés d'adaptation et leur plasticité, les racines sont un bel exemple de résilience pour l'humanité.

Les marches des hêtres (Besse-en-Chandesse). Et si ces racines traçaient notre propre chemin ?

Pour en savoir plus

Birlouez E., 2023. *Petite et grande histoire des légumes*, Versailles, Éditions Quæ, 168 p.

Chauvet M., 2018. *Encyclopédie des plantes alimentaires*, Paris, Éditions Belin, 880 p.

Dellas D., 2010. *Arbres et arbustes en campagne*, Arles, Actes Sud, 176 p.

Dessaux Y., Hinsinger P., Lemanceau P., 2010. *Rhizosphere: Achievements and Challenges*, Springer Science, 538 p.

Drenou C., 2006. *Les Racines : face cachée des arbres*, Institut pour le développement forestier (IDF), 335 p.

Hallé F., 2005. *Plaidoyer pour l'arbre*, Arles, Actes Sud, 216 p.

Hinsinger P., 2024. *La Vie cachée des sols*, Versailles, Éditions Quæ, 152 p.

Kraepiel Y., Raffaele S., 2023. *Le Langage silencieux des plantes*, Versailles, Éditions Quæ, 168 p.

Kutschera L., Lichtenegger E., Sobotik M., 2009. *Wurzelatlas der Kulturpflanzen gemässigter Gebiete mit Arten des Feldgemüsebaues* [*Atlas des racines des plantes cultivées dans les régions tempérées incluant des espèces légumières de plein champ*], Éditions DLG-Verlag (2e édition 2018), 527 p.

Lemanceau P., Blouin M., 2018. *Les Sols au cœur de la zone critique. 6 : écologie*, ISTE Éditions, 194 p.

Lenne C., 2014. *Dans la peau d'une plante : 70 questions impertinentes sur la vie cachée des plantes*, Paris, Éditions Belin, 256 p.

Lenne C., 2024. *Vous avez dit biz'arbres ?*, Paris, Éditions Belin, 580 p.

Martin F., 2022. *La Forêt hyperconnectée*, Paris, Éditions Salamandre, 240 p.

Martin F., Gadenne F., 2024. *L'Arbre-Monde*, Paris, Éditions Belin, 192 p.

Selosse M.-A., 2017. *Jamais seuls ! Ces microbes qui construisent les plantes, les animaux et les civilisations*, Arles, Actes Sud, 368 p.

Wageningen University & Research, *Root System Drawings. A collection of 1180 drawings*, Univ. Prof. Dr. Erwin Lichtenegger (1928-2004) and Univ. Prof. Dr. Lore Kutschera (1917-2008), leader of Pflanzensoziologisches Institut, Klagenfurt (now in Bad Goisern, Austria). https://images.wur.nl/digital/collection/coll13

Waisel Y., Eshel A., Kafkafi U., 1996. *Plant Root: The Hidden Half* (2d edition revised and expanded), New York, Éditions Marcel Dekker Inc., 1 002 p.

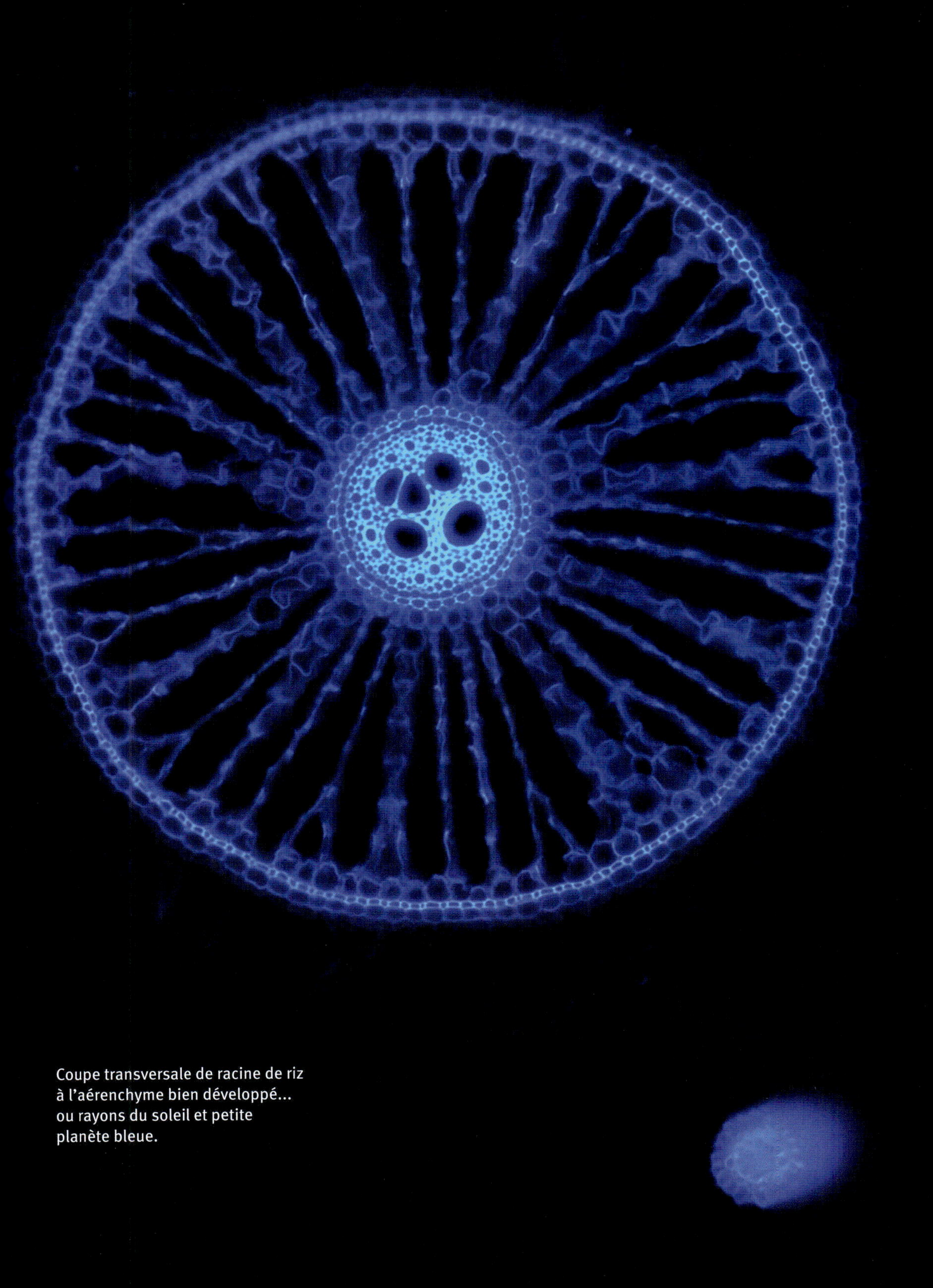

Coupe transversale de racine de riz à l'aérenchyme bien développé… ou rayons du soleil et petite planète bleue.

Remerciements

Ce livre fait suite aux échanges autour de *La Vie cachée des sols*, parue en 2024 dans cette même collection chez Quæ. Nous remercions donc sincèrement Véronique Véto, à l'origine des Carnets de Sciences, pour avoir soutenu notre proposition initiale, et Sylvie Blanchard, éditrice chez Quæ, qui nous a accompagnés tout au long de cette aventure dans la rédaction et les choix iconographiques. Interlocutrice exigeante, bienveillante et efficace, la facture de cet ouvrage lui doit beaucoup ! Nos remerciements vont également à Juliette Blanchet et Paul Mounier-Piron pour leurs yeux de lynx et leur professionnalisme dans la réalisation de cet ouvrage.

Nous avons bénéficié en outre du regard critique d'un relecteur anonyme et de deux autres spécialistes renommés du domaine, Catherine Roumet, du Centre d'écologie fonctionnelle et évolutive (CEFE) et affiliée au Centre national de la recherche scientifique (CNRS), et Yves Caraglio, de l'UMR AMAP (Botanique et modélisation de l'architecture des plantes et des végétations) du Centre de coopération internationale en recherche agronomique pour le développement (Cirad). Nous tenons ici à les remercier vivement, puisque la structure de cet ouvrage ainsi que ses nombreuses ramifications et connexions doivent beaucoup à leur érudition. Un immense merci va aux « rootards » de notre laboratoire, Eco&Sols, et à son large réseau international, qui ont contribué à faire avancer les connaissances sur les racines et leurs interactions complexes dans le sol : Laurie Amenc, Emma Belaud, Charlotte Biryol, Gabrielle Daudin, Marion Forest, Amandine Germon, Esther Guillot, Jérôme Ngao, Gabin Piton, Claude Plassard, Céline Pradier, Agnès Robin, Lorène Siegwart, Elisa Taschen, Jean Trap et bien d'autres encore… Nombre des magnifiques illustrations de cet ouvrage leur sont dues, et d'autres ont été confectionnées sur mesure par Jean-Luc Verdeil (Cirad) ou fournies par des collègues français et étrangers tout aussi passionnés du partage des savoirs souterrains.

Enfin, nous tenons à remercier deux artistes qui ont accepté gracieusement d'illustrer nos propos de quelques-unes de leurs magnifiques créations, réalistes ou stylisées, Karyne Lamouille (http://www.karynelamouille.com) et Charlotte Rodon (https ://www.charlotterodon.com).

Et merci à vous, lectrices et lecteurs, de nous lire, nous espérons vous faire découvrir une part de l'intimité de nos chères racines.

Crédits iconographiques

En 1re de couverture : © Philippe Hinsinger.

En 4e de couverture : racines de blé dur observées avec un scanner racinaire © Lorène Siegwart.

Pages 3 et 92 : © Charlotte Rodon. **Page 4 :** © Éditions Cambourakis, 2016.

Pages 8, 10, 19, 26, 27, 30, 31, 35 haut, 39, 42, 45, 47, 73 haut, 79 bas, 82 haut, 84, 88, 107, 113 : © Christophe Jourdan. **Page 11 :** © Glyn Bengough/James Hutton Institute, Dundee. **Page 12 :** © Lorène Siegwart. **Pages 13, 21, 23, 35 bas, 36, 37, 38 haut et bas, 40, 49 bas, 55, 58, 60 bas, 63, 64, 66, 67, 72, 74, 75, 76, 77, 80, 83, 85** (Lambers H., Mougel C., Jaillard B., Hinsinger P., « Plant-microbe-soil interactions in the rhizosphere: an evolutionary perspective », *Plant and Soil*, 2009, 321, 83-115, Springer Nature), **Pages 86, 90, 93, 94 haut et bas, 95 bas, 96, 97, 98, 103 haut et bas, 110, 115 :** Philippe Hinsinger. **Pages 15, 46, 54, 65, 114 :** © Laurie Amenc. **Pages 9, 17, 24, 95 haut, 102, 117 :** © Jean-Luc Verdeil. **Pages 18, 33, 43, 48, 49 haut, 56, 60 haut, 81 :** © Esther Guillot. **Page 20 :** © Jérôme Ngao. **Page 25 :** © Amandine Germon. **Pages 28 et 29 :** © Kutschera L., Lichtenegger E., Sobotik M., *Wurzelatlas der Kulturpflanzen gemässigter Gebiete mit Arten des Feldgemüsebaues*. Frankfurt am Main: DLG-Verlag, 2009 (2. Aufl. 2018). 527 p., avec l'autorisation de Monika Sobotik et Michael Neugebauer. **Page 34 (haut et bas) :** © Frédéric Danjon. **Page 41 :** © Sylvie Blanchard. **Page 44 :** © Sophia Klink et Michael Rothballer. **Page 50 :** © Jean-Claude Cleyet-Marel. **Page 51 :** © Alain Sarniguet. **Page 53 :** © Gabrielle Daudin. **Pages 57 et 59 :** © Elisa Taschen. **Pages 61, 62 bas, 87 :** © Claude Plassard. **Page 62 haut :** © Charlotte Biryol. **Page 68 :** © Nicolas Marron. **Page 69 :** © Jean Trap. **Page 73 bas :** © Emma Belaud. **Page 79 haut :** © Hervé Cochard. **Page 82 bas :** © Olivier Roupsard. **Pages 89 et 91 :** © Gabin Piton. **Page 99 haut et bas :** © Krishna Naudin. **Page 100 :** © Sophie Caillon. **Page 70 :** © oksanamedvedeva/Adobe Stock. **Page 71 haut :** © Melvyn Yeao/Biosphoto. **Page 71 bas :** © Valentin Baciu/Adobe Stock. **Pages 101 et 105 :** domaine public. **Page 104 :** © The Natural History Museum, London/Alamy/Hemis. **Page 106 :** © wasanajai/Adobe Stock. **Page 108 :** © Chana/Adobe Stock. **Page 109 haut :** © oasisamuel/Adobe Stock. **Page 109 bas :** © Van Gogh Museum, Amsterdam (Vincent van Gogh Foundation)/AKG-images. **Page 111 haut :** © Karyne Lamouille. **Page 111 bas :** © Tom Vincent/Alamy. **Page 112 :** CC-by SA 2.0 Ashwin Kumar, https://creativecommons.org/licenses/by-sa/2.0/deed.en

Responsable éditoriale : Véronique Véto
Édition : Sylvie Blanchard
Correction : Juliette Blanchet
Maquette : Gwendolin Butter
Couverture, mise en page et infographies : Paul Mounier-Piron
Imprimé par Sepec sur Condat mat 115 g (intérieur) et sur carte graphique 300 g (couverture)
Dépôt légal : juin 2026